OTMAR DIEZ

Unsere essbaren Bäume und — Sträucher

81 Arten sicher bestimmen
Achtsam sammeln, einfach zubereiten

KOSMOS

Blüten

Blüten-Aufbau

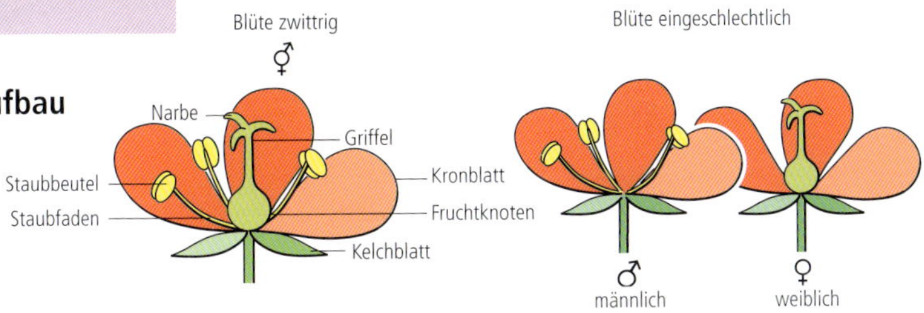

Blüten-Formen

ausgebreitet
4-zählig

ausgebreitet
5-zählig

gefüllt

verwachsen, 5-zählig,
radförmig

glockig

krugartige Glocke

Trichter

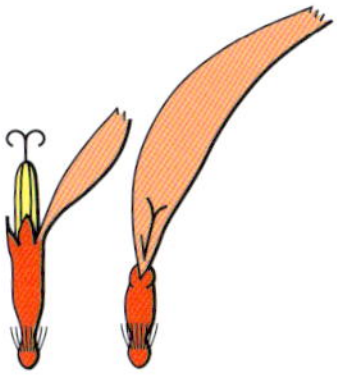
Zungenblüte

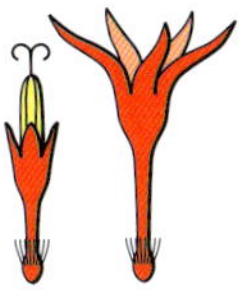
Röhrenblüte

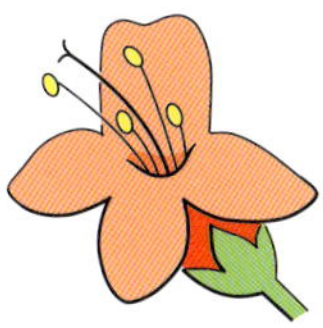
Lippenblüte

Schmetterlingsblüte

Kreuzblütlerblüte

Blütenstände

Ähre

Traube

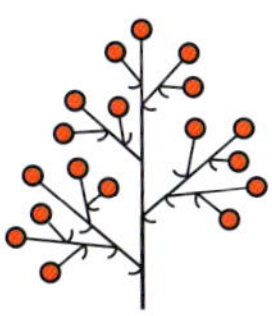
Rispe

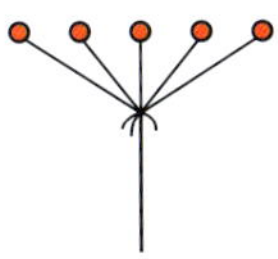
Dolde

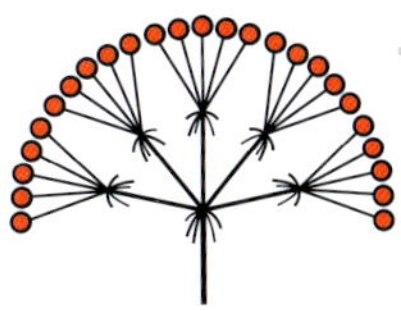
zusammengesetzte Dolde

Köpfchen

Inhalt

Damit Sie sich in diesem Buch schnell zurechtfinden, sind die Arten alphabetisch nach ihrem deutschen Hauptnamen sortiert. So finden Sie z. B. die Wild-Birne unter **B**, die Eberesche unter **E**, und die Zitter-Pappel unter **P**.

Außerdem sind die essbaren Bäume und Sträucher in drei Kapitel unterteilt: Die **wilden**, die **kultivierten** und die **giftigen** Bäume und Sträucher.

Um auf einen Blick erkennen zu können, welche Pflanzenteile einer Art essbar sind, finden Sie bei jedem Artportrait folgende Symbole:

Blüte — Blatt

Frucht — Samen

Nicht nur für Survivalfans!

Die Verwendung von Wildkräutern in der Küche hat in den letzten Jahren bis in die Sternegastronomie Einzug gehalten. Bärlauch, Brennnessel & Co. sind heute eine willkommene Bereicherung auf den Tellern. Weniger bekannt und genutzt werden Knospen, Blüten, Blätter, Früchte, Beeren oder auch Baumsäfte unserer heimischen Bäume und Sträucher. Diese sind bisher lediglich für Survivalfans von Bedeutung. Es ist ein gewinnbringendes Wissen beim Aufenthalt in der Natur, neben Wildkräutern und vielleicht einigen Pilzen, auch unsere essbaren Bäume und Sträucher nach und nach kennenzulernen. Sicherlich ist es auch ein ganz besonderes Erlebnis aus Wildfrüchten verschiedene aromatische Speisen herzustellen und uns bewusst zu machen, welchen Aufwand unsere Vorfahren aufbringen mussten, um sich von Wildfrüchten zu ernähren. Was von uns Stück für Stück wieder gelernt werden muss, war damals überlebensnotwendiges Wissen. Unsere Vorfahren lebten von Früchten, Samen, Wurzeln oder auch Pilzen und nutzten diese auch als Medizin. Viele mussten sicherlich, beim Ausprobieren neuer Funde, ihr Leben lassen.

Mit diesem Buch möchte ich diese Welt für jedermann zugänglich machen – auch für diejenigen, die vielleicht noch nie »wilde« Pflanzen verspeist haben. Mir war es wichtig die Verwendungen vorzustellen, die lecker, einfach nachzumachen und in meinen Augen sinnvoll sind. Wer ausprobieren möchte Pflanzen aus der Natur zu essen, sollte nicht gleich große Mengen verspeisen. Viele haben Inhaltstoffe, wie

Bei Kindern kann man frühzeitig das Interesse für Pflanzen, Pilze und essbare Wildfrüchte wecken.

z. B. Bitterstoffe, die unser Körper nicht mehr kennt und wir sollten zunächst beobachten, wie wir darauf reagieren. Lassen Sie sich von den neuen Geschmackserlebnissen überraschen! Übrigens sind Nüsse und viele Beeren wahre Superfoods unserer Nahrungsmittel.

KANN MAN DAS ESSEN?

Bevor man jedoch in die Versuchung kommt Pflanzen aus der Natur zu essen, ist eines von größter Bedeutung: Wir nehmen nichts zu uns, was wir nicht zu 100 Prozent kennen! Hier gibt es keine Toleranzgrenze! Immer wieder treffe ich Menschen, die unglaublich leichtsinnig beim Sammeln von Pilzen, Wildkräutern oder auch Beeren aus der Natur zu Werke gehen. Bei den Außenarbeiten für dieses Buch hatte ich ein solches Erlebnis, als ein älterer Mann den Zwergholunder anstatt des Schwarzen Holunders sammelte! Naturwissen aufzubauen geht, wie auch andere Dinge im Leben, nicht von heute auf morgen, sondern wächst von Jahr zu Jahr. Zunächst sollten Sie sich mit den Bäumen und Sträuchern beschäftigen, die Sie noch aus der Schule kennen. Hierzu zählen sicherlich Buchen, Eichen, Fichten, Kiefern und Birken. Holunder, Kastanien, Nussbäume oder auch die Hasel kennen die meisten. Allein mit diesen Pflanzen haben Sie schon tolle Möglichkeiten in die Welt der essbaren Bäume und Sträucher einzutreten. Bei der Bestimmung von Pflanzen benötigt man ein, am besten mehrere, Bestimmungsbücher und sollte sich langsam in die Fachbegriffe einarbeiten. Wichtige Bestimmungsmerkmale sind der Standort, die Größe und Form der Blätter, die Merkmale der Rinde, der Knospen und natürlich auch der Früchte. Die wichtigsten Merkmale finden Sie auf den ersten Seiten dieses Buches. So können Sie das ganze Jahr in dem Gebiet, in dem Sie unterwegs sind, schon mit dem Bestimmen beginnen. Im Laufe des Jahres werden alle Merkmale sichtbar und führen zu einem Ergebnis. Wer so vorgeht wird die Bäume und Sträucher sicher kennenlernen und dann auch nie wieder vergessen.

Ein Bestimmungsbuch sollte immer dabei sein.

Leider erlebe ich oft, dass manche Menschen keine oder nur wenig Geduld haben und an einem Tag alles lernen wollen. Sie haben ein tolles Buch oder das Handy mit einer App dabei. Dabei schauen sie sich nur die Bilder an, ohne den Text zu lesen. Das ist bei Wildkräutern, Pilzen aber auch den Wildfrüchten sehr gefährlich. 2017 wurden herausragend viele Menschen mit Pilzvergiftungen in Krankenhäuser eingeliefert – die meisten davon waren mit dem Handy und einer App beim Pilze- oder Kräutersammeln unterwegs.
Wildfrüchte und Wildkräuter haben ihren unverwechselbaren, urtümlichen und oft herben oder bitteren Geschmack. Nach Schokolade schmecken die wenigsten!

Zum Sammeln hat man am besten einen Korb und einen langen Haken dabei.

Unsere Geschmacksnerven, die bisher auf süß »geeicht« sind, werden sich erst an den neuen, unverfälschten Naturgeschmack gewöhnen müssen. Einige Beeren sind roh giftig und werden erst durch das Erhitzen genießbar.

VORAUSSETZUNGEN UND HILFSMITTEL ZUM SAMMELN

Das Sammeln von Früchten, Blättern oder Beeren unserer Bäume und Sträucher ist viel schwieriger als das bei Wildkräutern der Fall ist. Schließlich wachsen die schönsten Früchte meist nicht in unserer Reichweite, sondern hängen oft, für uns unerreichbar, meterhoch oder wachsen in einer dichten Dornenhecke.

Eines ist ganz wichtig: Sie müssen zum Sammeln beide Hände frei haben! Hierfür benötigen Sie entweder einen Sammelkorb oder ein anderes Gefäß, das am Körper hängt. So können Sie mit einer Hand Äste greifen und mit der andern Hand sammeln. Viele Früchte oder Beeren hängen einfach zu hoch, um sie ohne Hilfsmittel zu erreichen. Ich habe mir an einem Stock einen Haken ins Holz gedreht. Mit dem Haken kann ich wunderbar Äste oder Zweige etwas heranziehen. Arbeitshandschuhe, mit denen man die Früchte gut greifen kann, schonen unsere Hände vor Kratzern und Stichen. Manchmal reicht es auch schon leicht an den Ästen zu wackeln, damit die Früchte zu Boden fallen. Bei großen Bäumen, wie Eichen oder Buchen, kann man die Früchte ohnehin nur vom Boden aufsammeln. Während Nüsse oder hartschalige Früchte sehr unproblematisch zu transportieren sind, sollten Sie bei Beeren darauf achten, diese nicht in geschlossenen Plastikbehältern über längere Zeit aufzubewahren, da die Früchte darin sehr schnell schimmeln.

MIT KINDERN BEEREN SAMMELN

Die meisten Kinder finden es toll, in der Natur Früchte oder Pilze zu sammeln. Eines ist hier besonders wichtig: Kinder müssen frühzeitig lernen, dass nicht alle verlockenden Früchte mit schönen bunten Farben gegessen werden können, sondern dass es natürlich auch welche gibt, die giftig sind!

Vorsicht! Nicht alle Beeren sind essbar.

Sammelreviere finden

WO KOMMEN GEEIGNETE BÄUME UND STRÄUCHER VOR?

Viele der hier beschriebenen Bäume und Sträucher kommen häufig in unseren Wäldern und vor allem auch an den Waldrändern vor. Andere finden wir in Heckensäumen, an Böschungen oder als Solitärpflanzen auf Brachflächen. Einige Arten, wie z. B. Wildapfel, Wildbirne oder Speierling, gehören mittlerweile zu den seltensten Bäumen in Deutschland und sind oft nur mit der Unterstützung von Spezialisten überhaupt zu finden. Manchmal gestaltet sich eine korrekte Bestimmung schwierig, weil Wildbäume durch Kreuzung mit in der Nähe stehenden Kulturbäumen nicht mehr sortenrein sind.

WO KANN MAN SAMMELN?

Bevor man sammelt, sollte man sich auch Gedanken machen bzw. Erkundigungen einziehen, wem die Grundstücke gehören Dies vorher zu klären erspart oft Ärger.
In der Regel hat niemand etwas dagegen, wenn man auf einem öffentlichen Grundstück Beeren von Sträuchern pflückt. Man fügt ja den Pflanzen keinen Schaden zu und alle Früchte wird man ohnehin nicht erreichen, sodass für unsere Vögel auch noch Nahrung übrig bleibt. Auf Privatgrund zu sammeln bedarf immer der Einwilligung des Besitzers. Wenn man Birkenwasser sammeln möchte, ist die Vorgehensweise besonders wichtig. Sammeln sollte man auch nur an Stellen, wo keine Verschmutzung durch den Autoverkehr bzw. Spritzmittel aus der Landwirtschaft vorkommt. Naturschutzgebiete oder andere geschützte Landschaftsteile sind für uns tabu! Wer sich nicht sicher ist, was im ausgesuchten Gebiet erlaubt ist, kann sich an die Naturschutzbehörden vor Ort wenden.

GEZIELTES ODER ZUFÄLLIGES SAMMELN

Wer das Gebiet, in dem man sich am meisten aufhält gut kennt, kann ganz gezielt zum optimalen Erntezeitpunkt sammeln. Zu Hause hat man sich die erforderlichen Zutaten schon besorgt und kann nun in aller Ruhe die gewünschten Speisen oder Getränke zubereiten.

In Naturschutzgebieten gilt Sammelverbot!

Im eigenen Garten kann man immer zum optimalen Zeitpunkt die Beeren ernten.

Zufälliges Sammeln versetzt einen schnell in die Lage, dass man erst noch Vieles besorgen muss, um die z. T. leicht verderblichen Früchte zu verarbeiten. Was jetzt gerade zu viel ist oder aus Zeitmangel nicht verarbeitet werden kann, lässt sich auf verschiedene Weise, z. B. Dörren, haltbar machen. Gezieltes oder zufälliges Sammeln schließen einander natürlich nicht aus.

IM EIGENEN GARTEN SAMMELN

Wer einen eigenen Garten besitzt hat tolle Möglichkeiten Früchte tragende Sträucher, wie Himbeeren, Holunder, Berberitze, Sanddorn, Johannis- oder Aroniabeeren usw. anzupflanzen. Die Pflanzen in unmittelbarer Nähe eröffnen die Möglichkeit, die Früchte zum allerbesten Erntezeitpunkt zu sammeln und zu verarbeiten. Weiter trägt man mit der Kultivierung zum Artenschutz unserer Vögel und einer natürlichen Winterfütterung bei.

ZECKEN

Keine Frage, die Gefahr in der Natur auf eine mit FSME oder Borreliose infizierte Zecke zu stoßen, hat in den letzten Jahren zugenommen. Große Teile Bayerns, Baden-Württembergs sowie Teile Südhessens und Thüringens gelten in Deutschland als FSME-Risikogebiete. Über die Situation vor Ort kann man sich im Internet immer aktuell informieren. Nach einem Aufenthalt in der Natur sollte man sich, und natürlich auch die Kinder, gründlich absuchen.

FUCHSBANDWURM

Zum Glück kommen Fuchsbandwurmerkrankungen sehr selten vor, können aber tödlich verlaufen. So werden dem Robert Koch-Institut in Berlin und dem Europäischen Echinokokkose-Register in Ulm, ca. 40 Erkrankungsfälle im Jahr gemeldet. Längst ist eine Ansteckungsgefahr nicht mehr alleine in der freien Natur gegeben.

Füchse sind zu Kulturfolgern geworden und leben mittlerweile mitten in unseren Städten. In der Nacht streifen sie auch durch unsere Gärten im Siedlungsbereich. Werden also durch Fuchskot kontaminierte Früchte gegessen, kann es zu einer Übertragung des gefährlichen Parasiten kommen.

Die allermeisten in diesem Buch beschriebenen Früchte wachsen nicht in Bodennähe und scheiden deshalb als Ansteckungsquelle aus. Um die Ansteckungsgefahr jedoch möglichst klein zu halten, sollten wir Obst und Beeren, die in Bodennähe wachsen, vor dem Verzehr gründlich abwaschen und ebenso die Hände. Bei Früchten, die gekocht werden, besteht keine Gefahr, denn die Eier des Fuchsbandwurms sterben bei Temperaturen über 60° C zuverlässig ab – nicht jedoch im Gefrierschrank.

VON LECKER BIS TÖDLICH GIFTIG

In diesem Buch werden die Pflanzen, getrennt nach essbar und giftig, vorgestellt. Auch sind manche essbaren Früchte in rohem Zustand giftig oder ungenießbar und eignen sich erst nach dem Erhitzen zum Verzehr. Hinzu kommt eine mögliche Verwechslungsgefahr, da essbare und giftige Pflanzen teilweise große Ähnlichkeiten aufweisen. Also nur sammeln, was wir wirklich kennen! Sollte es nach einer Mahlzeit bei einem der Beteiligten zu einem Unwohlsein kommen und ein Arzt wird aufgesucht, ist es sehr nützlich, wenn Pflanzenteile zur Identifikation mitgebracht werden. Auch die Menge der verzehrten Früchte ist dann unter Umständen wichtig. Zu den giftigsten Pflanzen, die hier beschrieben sind, zählen die Eibe, der Sadebaum und der Goldregen.

Rote essbare Früchte der Berberitze (links) und die hochgiftigen Beeren der Eibe (rechts).

Die Grundrezepte

Es gibt unzählige Zubereitungsarten um mit Blüten, Blättern, Früchten oder Beeren zu kochen, zu backen oder daraus Getränke herzustellen. Der persönlichen Fantasie sind fast keine Grenzen gesetzt. Viele Früchte und Beeren sind voller gesunder Inhaltsstoffe und wahre Powerfoods unserer Heimat. Die vielen enthaltenen Vitamine, Eisen, sekundäre Pflanzenstoffe und besonders die Antioxidantien, können freie Radikale abwehren und somit einen wichtigen Beitrag für unsere Gesundheit leisten. Ich möchte mich in diesem Buch auf relativ einfache und leicht zu realisierende Grundrezepte beschränken.

NÜTZLICHE GERÄTE

Die **Flotte Lotte** ist ein handbetriebenes Passiergerät zum Herstellen von Mus. Es trennt die Kerne vom Fruchtfleisch und erleichtert die Arbeit ungemein.
Für die Herstellung von Smoothies oder Lassi ist ein schnelldrehender und kraftvoller **Mixer** ideal. Natürlich kann man auch eine vorhandene Küchenmaschine nutzen.
Ein **Dörrgerät** ist perfekt, um Dörrobst aus den verschiedenen Früchten und Beeren herzustellen. Je nach Bauart kann man auf verschiedenen Etagen mit fest eingestellten Temperaturen, z. B. Beeren, Äpfel, Birnen, Pflaumen und Mirabellen schonend dörren.
Mit einem **Dampfentsafter** wird den Früchten der Saft entzogen und Keime und Bakterien abgetötet. Der gewonnene Saft kann nun weiter zu Gelee oder z. B. Likör verarbeitet werden.

Hilfreiche Utensilien: Dörrgerät, Flotte Lotte, Mixer und Entsafter.

BAUMWASSER ZAPFEN

In den Märzwochen, bevor die Blätter austreiben, kann man den Saft der Birke und Ahornbäume zapfen. Geeignet sind Bäume mit einem Durchmesser von mehr als 25 cm. Natürlich muss das Einverständnis des Besitzers gegeben sein. Zum Zapfen bohren wir ein 5 mm großes Loch, nur etwa 1–2 cm tief, in die Wasser führende Schicht der Rinde. Ein biegsamer Strohhalm wird in eine Flasche gesteckt und diese am Baum befestigt. Man erkennt gleich, wie schnell der Saft aus dem Baum fließt. Manchmal kann man direkt warten, bis die Flasche voll ist. Kommen nur einzelne Tropfen, sollte man am nächsten Tag kontrollieren. Ganz wichtig ist, das Bohrloch nach der Ernte zu verschließen, sodass nicht weiter Saft aus dem Baum fließen kann. Ich ernte max. 2 Liter pro Baum und Jahr. Täglich trinke ich ein Gläschen und bewahre das »Baumwasser« im Kühlschrank auf.

Birkensaft wird direkt aus dem Stamm gezapft.

BLÄTTER IM TEIG AUSBACKEN

Junge essbare Blätter, z. B. von der Birke oder der Buche, in einen Teig eintauchen, wenden und in einer Pfanne mit Öl ausbacken oder frittieren. Für den Teig nehme

Im Teig ausgebackene junge Buchenblätter schmecken köstlich zu Salat.

Blüten der Robinie im Teigmantel.

Eiweiß und Puderzucker zum Kandieren von Blüten.

ich 100 g Dinkelmehl, 125 ml Milch, 1 Ei und Gewürze nach Wahl. Die Blätter sehen toll aus und schmecken sehr lecker zu einem Salat.

BLÜTEN BACKEN

Essbare Blütendolden, wie z. B. von der Robinie oder dem Schwarzen Holunder, vorsichtig in einen eher dünnflüssigen Teig eintauchen und vorsichtig in heißem Fett ausbacken. Besonders lecker schmecken die gebackenen Dolden mit Marmelade oder mit Eis.

BLÜTEN KANDIERT

Je nach Menge der Blüten, z. B. 100 g Zucker in 80 ml Wasser einrühren und aufkochen lassen. Nach dem Abkühlen die gereinigten Blüten (ich schüttle nur vorhandene Käfer heraus) am Stängel fassen und in den Sirup

Wichtig beim Dörren ist, die Früchte in möglichst gleich dünne Scheiben zu hobeln.

tauchen. Abtropfen lassen und auf einem Backpapier an einem warmen Ort lufttrocknen. Schneller geht es mit einem Dörrgerät oder im Backofen. In einem luftdichten Gefäß aufbewahren. Alternativ kann man Blüten auch mit Eiweiß bestreichen und mit Zucker bestreuen.

DÖRREN

Trocknen oder Dörren ist eine der ältesten Methoden um Nahrungsmittel für eine lange Zeit haltbar zu machen. Die einfachste und energieschonendste Methode ist die Lufttrocknung. Wichtig ist, dass auch von unten Luft an das Trockengut gelangt. Trocknen kann man auch im leicht geöffneten Backofen bei 40–50 °C, je nach Feuchtigkeitsgrad. Wer Spaß am Dörren findet, bzw. auch größere Mengen verarbeiten möchte, ist sicherlich mit einem Dörrgerät gut beraten. Je nach Größe, Ausstattung und Preis kann über mehrere Etagen und mit einer genau zu regulierenden Temperatur gedörrt werden. Die gedörrten Früchte schmecken lecker als Snack. Man kann daraus aber auch wunderbar Müsliriegel und Energiekugeln herstellen.

Energiekugeln aus Haferflocken und Früchten.

Wildfruchtessig mit Berberitzen.

ESSIG

Wildfruchtessig ist einfach herzustellen. Eine weithalsige Flasche wird bis etwa zur Hälfte mit geeigneten Früchten, wie z. B. der Berberitze, gefüllt und mit einem Essig nach Wahl übergossen. Die Früchte können längere Zeit zur Dekoration in der Flasche bleiben oder nach 6 Wochen abgefiltert werden.

ENERGIEKUGELN

Eine Banane zerdrücken und zusammen mit 200 g zarten Haferflocken, 3 EL getrockneten Beeren, 200 g gemahlenen Nüssen sowie 3 EL Honig zu einem nicht klebrigen Teig verkneten. Je nach Wunsch können auch Vanille, weitere Trockenfrüchte oder Kakaopulver zugefügt werden. Falls der Teig zu krümelig ist, etwas Obstsaft hinzufügen. Bei zu viel Feuchtigkeit, einfach mehr gemahlene Nüsse dazugeben. Dann walnussgroße Kugeln formen und nach Geschmack in Schokolade tauchen oder in Kokosraspeln, Kakaopulver

Marmelade aus Hagebutten.

oder Chiasamen wälzen. Sie sind mehrere Tage im Kühlschrank haltbar und schmecken ganz toll!

FRUCHTMARMELADE

1 kg Beeren putzen, waschen und pürieren. Das Mus mit 2 Vanilleschoten und dem ausgepressten Saft 1 Limette in einen Topf geben und mit der entsprechenden Menge Gelierzucker aufkochen. Mit einer Gelierprobe kann man die richtige Konsistenz testen. Hierbei nimmt man mit einem Löffel etwas der heißen Flüssigkeit heraus und lässt sie auf einen kleinen Teller tropfen und kann so die Konsistenz überprüfen. Wichtig ist, die gekochte Marmelade heiß in vorgewärmte Gläser abzufüllen und diese, auf den Kopf gestellt, abkühlen zu lassen.

FRUCHTSAFT

Aus den saftigen Früchten und Beeren gewinnt man mit dem Dampfentsafter den Fruchtsaft. Um diesen haltbar zu machen, wird er direkt heiß in die vorgewärmten Flaschen gefüllt.

GELEE

Für Gelee werden die Früchte zunächst entsaftet. Den gewonnenen Saft mit dem gewünschten Verhältnis Gelierzucker aufkochen. Verfeinern kann man mit

Der Lohn für die Mühe – Quittengelee schmeckt einfach lecker.

Heißer Fruchtsaft aus dem Entsafter.

Koffeinfreier Kaffee aus Eicheln.

Limetten- oder Zitronensaft bzw. mit dem Mark einer Vanilleschote. Gelierprobe durchführen und heiß, wie bei der Fruchtmarmelade, abfüllen.

GEMÜSE

Es ist ratsam, zunächst kleinere Mengen junger, zarter essbarer Blätter als Beigabe unter das Gartengemüse zu mischen, um den Geschmack zu testen. Das Gleiche gilt für Gemüseaufläufe oder Suppen.

HONIG

Junge Triebspitzen von geeigneten Bäumen, z. B. der Fichte, mit einem Messer zerkleinern und in ein Glas geben. Die jungen, zarten Nadelspitzen mit flüssigem Honig übergießen. Den Honig einige Wochen ziehen lassen und dann auf Brot genüsslich essen. Sie werden sich wundern, wie weich die jungen Nadelspitzen sind!

KAFFEE

Zum Herstellen von Kaffee-Ersatz eignen sich besonders die Eicheln.
Eicheln sammeln und, wenn erforderlich, mit Wasser säubern. Die Eicheln nun auf einem Backblech auslegen und bei ca. 80 °C in der Backröhre trocknen bis die harte Schale aufspringt. Dann können die Kerne leicht aus den Schalen gepult werden. Um die Gerbstoffe zu entziehen, die Kerne 1–2 Tage in Wasser legen und dieses mehrmals wechseln. Die Kerne werden nach und nach heller. Nach diesem Vorgang lässt man die Kerne vollkommen abtropfen und trocknen. Dann, wiederum im Backofen, die Kerne bei etwa 50 °C unter Beobachtung

Honig, mit jungen Fichtenspitzen und Blüten.

Lassi aus Joghurt und Beeren.

Likör aus Weißdornbeeren.

Fruchtmus aus Speierling.

für ca. 20 Minuten rösten, bis sie schön braun sind. Danach werden die Kerne gemahlen und als Kaffeepulver verwendet.

LASSI

Das indische Kultgetränk »Lassi« wird auch bei uns immer beliebter. Das Grundrezept für Lassi ist dabei immer das gleiche: Joghurt, Wasser – je nach gewünschter Konsistenz – Zucker, Früchte und 1 Prise Kardamom. Verfeinern kann man den Geschmack mit aromatischen Kräutern, wie Pfefferminze, Zitronenmelisse oder Zitronenverbene. Für 4 Gläser Lassi nehme ich 400 g Joghurt, ca. 500–600 ml Wasser, 1 Spritzer Ahornsirup, 1 Prise Kardamom und Früchte, wie z. B. Äpfel, Himbeeren, Heidelbeeren, Brombeeren usw. Das Ganze gut mixen und genießen!

LIKÖR

Etwa 500 g gewaschene Beeren in eine weithalsige Flasche füllen, 250 g Kandiszucker und 1 Vanilleschote dazugeben und mit 1 L Wodka übergießen. Achten Sie darauf, dass die Beeren immer mit dem Wodka überdeckt sind, damit diese nicht schimmeln. Am besten jeden Tag den Likör mit einem Löffel durchrühren. Besonders geeignete Beeren sind Himbeeren, Johannisbeeren, Brombeeren oder auch junge Fichtenspitzen.

MUS

500 g Früchte werden in 75 ml Wasser weich gekocht. Verwenden Sie dazu einen etwas größeren Topf, damit die Früchte nicht übereinander liegen. Die weichen Früchte werden nun mit einem Löffel durch ein nicht zu feines Sieb gedrückt. So bildet sich nun die Musschicht am Sieb und kann mit einem Löffel abgestreift werden. Viel leichter geht dieser Vorgang mit der Flotten Lotte. Das noch warme Mus nun mit Zucker nach Belieben (ca. 150 g) süßen.

Powermüsli mit Haferflocken und Beeren.

POWERMÜSLI MIT HAFERFLOCKEN

Geben Sie 150 ml Milch, 4 EL Haferflocken, eine Handvoll frischer oder gefrorener Beeren, Dörrobst und 1 EL Honig in einen Topf und lassen Sie das Ganze langsam erwärmen. Es schmeckt wunderbar und gibt Energie für den Tag.

MÜSLIRIEGEL

Um eigene Müsliriegel herzustellen, sind der Fantasie keine Grenzen gesetzt. Früchte und Nüsse, die wir in der Natur finden,

Man weiß was drinnen ist! Selbstgemachte Müsliriegel mit Haferflocken und Beeren.

„Wilder Smoothie“. Wildkräuter und Blätter schmecken herb, Obst und Beeren sorgen für die Süße.

lassen sich wunderbar zu einem leckeren Müsliriegel verarbeiten.
Mein Favoritenrezept: 200 g kernige Haferflocken, 100 g feine Haferflocken, 100 g Wal- oder Haselnüsse und 100 g getrocknete Beeren mischen. In einem hohen Topf 50 g Butter, 200 ml Honig und 1 TL Zitronensaft unter rühren zum Kochen bringen, bis die Masse zu karamellisieren beginnt. Dann die Zutatenmischung unterrühren, bis die Masse eine schöne dunkle Färbung hat. Diese dann sofort auf ein mit Backpapier belegtes Backblech verteilen und etwa 1 cm dick ausstreichen. Nach etwa 15 Minuten in Riegel schneiden. Auskühlen lassen und trocken aufbewahren.

ÖL HERSTELLEN

Zum Herstellen des eigenen Öls benötigen wir entweder eine spezielle Ölpresse oder auch einen Entsafter mit einem entsprechenden Aufsatz. Gut geeignet zur Herstellung von Öl sind Hasel- und Walnüsse.

SALATE

Bereiten Sie einen Salat Ihrer Wahl zu und geben Sie einfach einige geeignete Wildbaumblätter hinzu. Sie werden den deutlich herben und leicht bitteren Geschmack der Wildpflanzen schmecken. Deshalb ist es ratsam zunächst nur wenig Blätter oder Wildkräuter beizumischen, denn ein reiner Wildpflanzensalat ist sicherlich für den Anfang eine zu herbe Kost.

SIRUP

Mineralwasser mit einem guten Schuss Sirup schmeckt wunderbar erfrischend. Ich verwende dazu z. B. 25–30 große Holunderblütendolden, die zuvor gut ausgeschüttelt werden, da sich gerne kleine schwarze Käfer darin verstecken. 3 L Wasser werden, zusammen mit 40 g Zitronensäure und 2 kg Zucker, erhitzt, bis sich alles gut aufgelöst hat. Die Blüten übergieße ich nun mit dem heißen Zuckerwasser und gebe 2 in Scheiben geschnittene Zitronen dazu. Mit einigen Pfefferminzblättern kann man den Geschmack noch verfeinern. Dann lasse ich den Sud in einem abgedeckten Gefäß einige Tage ziehen und rühre von Zeit zu Zeit um. Nach etwa 3 Tagen wird der Sirup abgeseiht und noch mal kurz aufgekocht, bevor er nun in vorgewärmte Flaschen gefüllt und fest verschlossen wird.

Streckmehl aus Eicheln für Frikadellen, Brot oder auch Kuchen.

SMOOTHIE

Seit einigen Jahren ist der Smoothie bei vielen gesundheitsbewussten Menschen zu einem festen Bestandteil der Ernährung geworden. Das Prinzip ist ganz einfach. Wenig schmackhafte, grüne Blätter von Wildkräutern, Gemüse oder auch essbaren Bäumen werden, zusammen mit Obst als Geschmacksverbesserer, mit Wasser gemixt. Man kann z. B. auch Brennnesselsamen, Datteln, Feigen und 2–3 Blätter Pfefferminze hinzugeben. Wie der Powerdrink schmeckt, hängt vom Verhältnis grüne Blätter zu Obst und Wasser ab. Ich verwende immer etwas weniger Blätter als Obst. Eines ist ganz wichtig: Es muss schmecken!

STRECKMEHL

Hierfür eignen sich ebenfalls Eicheln. Zunächst die Kerne, nach dem gleichen Prinzip wie bei der Herstellung des Kaffeepulvers, aus den Schalen pulen und trocknen. Anstatt nun aber die getrockneten Kerne zu rösten, werden diese zu Streckmehl gemahlen. Dieses schmeckt z. B. wunderbar in Frikadellen. Dazu mischt man es, etwa im Verhältnis halb und halb, mit Hackfleisch oder einer vegetarischen Masse und würzt nach Geschmack. Die Masse dann zu Frikadellen formen und ausbacken. Streckmehl eignet sich auch zum Backen, sollte aber mit Getreidemehl gemischt werden.

Wilde Bäume und Sträucher

Spitz-Ahorn

Acer platanoides · Seifenbaumgewächse · März–Mai · H 10–30 m

MERKMALE: Die Blätter sind gegenständig angeordnet, 5–7-lappig, 10–18 cm breit mit zugespitzten Zähnen. Der Blattstiel hat eine kugelig verdickte Basis, ist 3–20 cm lang und führt Milchsaft. Die gelblich grünen Blüten erscheinen vor dem Blattaustrieb. Spaltfrucht mit 4–6 cm langen Flügeln. Die Rinde ist anfangs hellgrau und glatt, später dunkelgrau und längsrissig.
VORKOMMEN: Sonnige Wälder, Auwälder, Parkanlagen, Alleen.
VERWECHSLUNG: Platane *(Platanus x hispanica)*, Blätter wechselständig, kugelige Früchte, abblätternde Borke.
Bergahorn *(Acer pseudoplatanus)*, Blätter ohne zugespitzte Zähne. Feldahorn *(Acer campestre)*, Blätter abgerundet.

DER BAUM DER OPTIMISTEN

Im Gegensatz zu vielen anderen Bäumen scheint der Ahorn keine bedeutende Rolle in der Mythologie zu spielen. Wegen der »fehlenden Ernsthaftigkeit« wurde der Ahorn von unseren Vorfahren als »mild« und »lustig« beschrieben. Tabernaemontanus spricht ihm in seinem Kräuterbuch aber die Kraft zu, depressive Menschen trösten zu können. Er ist der Baum der Optimisten und der guten Laune.
Von den weltweit 150 Ahornarten kommen lediglich vier in Europa vor, wobei der Französische Ahorn *(Acer monspessulanum)* nur in sehr wärmebegünstigten Stellen in der Pfalz, Südbaden und im Main- und Saaletal zu finden ist.

Winkelig bis waagrecht abstehende Spaltfrucht mit 4–6 cm langen Flügeln.

SÜSSER AHORNSIRUP

Unter den heimischen Arten ist der Spitz-Ahorn der schmackhafteste. Die jungen Triebe, Keimlinge, Blüten und Blätter können wir in Salaten, Gemüsegerichten, Gemüsesuppen oder einem leckeren Smoothie verwenden. Junge Pflanzenteile enthalten neben Eiweiß (5 %) und Zucker (in den Blüten und dem Milchsaft) einen hohen Gehalt an Flavonoiden, Kalium, Kalzium, Magnesium, Mangan und Eisen. Vorausgesetzt das Einverständnis ist geklärt, können Sie bei Bäumen, die einen Durchmesser von mindestens 25 cm haben, den Blutungssaft ernten und zu Sirup, Wein oder Essig verarbeiten. Aus den ausgereiften Flügelfrüchten kann man die Samen herausschälen und diese mit Gemüse kochen.

Ahornblätter Salat

Etwa 20 junge, gewaschene Blätter auf einen flachen Teller geben und mit einem Salatdressing nach Wahl verfeinern. Dazu passen angeröstete Brotstücke, Nüsse oder auch Käse. Optisch kann der Salat noch mit den Blüten des Spitz-Ahorns oder auch anderen essbaren Blüten aufgewertet werden.

NOTFALLMITTEL BEI INSEKTENSTICHEN

In der Phytotherapie haben Anwendungen mit Ahorn an Bedeutung verloren. Hildegard von Bingen (1098–1179 n. Chr.) schreibt im Buch Naturkunde: *»Der Ahorn ist kalt und trocken. Er versinnbildlicht etwas Aufgeschrecktes.«* Die zerriebenen Blätter bringen Linderung bei Insektenstichen. Die zu Brei zerstoßenen Blätter haben kühlende Wirkung bei Hautirritationen.
In der Volksmedizin wird der Tee aus den getrockneten Blättern bei Entzündungen und Fieber verwendet.

Holz-Apfel

Malus sylvestris · Rosengewächse · April–Mai · H 5–10 m

MERKMALE: Baum- oder strauchartiger Wuchs. Die Blätter sind kerbig gesägt und 4–8 cm lang. Blätter, Blattstiel und auch Blütenteil ohne Behaarung.
Rosa-weiße Blüten. Schmale, lange und zusammenstehende Kelchblätter. Äste und Zweige mit mehr oder minder spitzen Dornen an den Kurztrieben. Graubraune und längsrissige Rinde. Die kugeligen Früchte sind gelbgrün und haben, wenn überhaupt, nur an der Sonnenseite leichte Rottöne; Durchmesser max. 2–4 cm. Sie schmecken herb, sauer und holzig.
VORKOMMEN: Sehr zerstreutes Einzelvorkommen. Lichte Wälder, Hecken und Gebüsche.

VERWECHSLUNG: Kultur-Apfel *(Malus domestica)*, behaarte Blätter und Stiele, viel größer, nur sehr selten mit kompletter Grünfärbung.

EIN SEHR SELTENER BAUM

Der Wild-Apfel hat in der Mythologie keine große Bedeutung. Die Kelten und Germanen verarbeiteten wohl die kleinen und harten Früchte des Apfels zu Mus, Most und vergoren den Saft, zusammen mit Honig, zu Met.

Heute gehört *Malus sylvestris* mit ca. 5500 Exemplaren zu den seltensten Bäumen in Deutschland. Wir müssen schon genau hinschauen um die Wildform von der Kulturform und möglichen Kreuzungen zu unterscheiden. Wichtiges Unterscheidungsmerkmal zum Kultur-Apfel ist die fehlende Behaarung von Blüten und Blättern. Die Früchte sind lediglich in Grün- und Gelbtönen gefärbt.

Der Wild-Apfel kommt nur noch sporadisch in Bayern, Thüringen, Niedersachsen, Hessen und des Osterzgebirges vor. Die Früchte sind zwar essbar, aber wegen des sauren und adstringierenden Geschmacks nicht uneingeschränkt genießbar. Dem harten Fruchtfleisch ist es zu verdanken, dass der Wild-Apfel auch als Holz-Apfel bezeichnet wird. Im Osterzgebirge wurden traditionell die Früchte des Wild-Apfels getrocknet und im Winter als Tee zubereitet.

Die runden Früchte sind max. bis zu 4 cm groß und werden kaum rot.

Um eine entsprechend große Menge für die Zubereitung von Marmelade, Kompott, Gelee, Saft oder Sirup zu sammeln, muss etwas Zeit investiert werden. Die Früchte sind sehr klein und bringen kaum Gewicht mit. Darum werden Holz-Äpfel oft auch in Kombination mit anderen Früchten verarbeitet.

Wild-Apfel-Gelee

Etwa 3 kg Äpfel entsaften. Saft mit der entsprechenden Menge Gelierzucker bei starker Hitze unter Rühren aufkochen und ca. 4 Minuten sprudelnd kochen lassen. Den Saft einer Zitrone einrühren und dann den Topf vom Herd nehmen. Das Gelee sofort in die heiß ausgespülten Gläser füllen und fest verschließen.

BACHBLÜTE 'CRAB APPLE'

Der Wild-Apfel wird in der Volksmedizin, aufgrund seines Vitamin-C-Gehalts, als Tee zubereitet und bei Grippe und Erkältungen verwendet.

Besonders im Erzgebirge schätzen die Menschen diesen Baum auch als natürlichen Antibiotika-Ersatz. Außerdem soll der Wild-Apfel eine entgiftende Wirkung haben.

Die Bachblüte 'Crab Apple' ist für Menschen, die sich körperlich oder seelisch verunreinigt oder vergiftet fühlen.

Berberitze

Berberis vulgaris · Berberitzengewächse · April–Juni · H 1–3 m

MERKMALE: Strauch. Ganz markant sind die langen, spitzen Dornen an den Blattachseln. Die länglichen, gezähnten Blätter sind 2–6 cm groß und wechselständig angeordnet. Sie wachsen an den Ästen in kleinen Büscheln. Gelbe Blütentrauben haben einen starken, unangenehmen Geruch und hängen verteilt am Strauch. Hellgrau bis teilweise rötlich überlaufene Rinde. Die markant länglichen, roten Beeren sind bis zu 1 cm lang und reifen ab September ebenfalls in Trauben. Wunderschöne rote oder auch gelb-orange Laubfärbung im Herbst.

VORKOMMEN: Waldränder, Hecken, Lichtungen.

VERWECHSLUNG: Thunbergs-Berberitze *(Berberis thunbergii)*, giftig, nicht zum Verzehr geeignet.

ZU ERKENNEN AN DEN DORNEN

Pfarrer Kneipp schätzte die Berberitze sehr und setzte ihre Extrakte gegen Magen- und Gallenprobleme ein. Die Pflanze fand aber auch als Färbemittel für Wolle und Leder Anwendung.
Wegen seines säuerlichen Beerengeschmacks sowie seiner zahlreichen Dornen nannte man den Strauch auch Sauerdorn. Weitere Namen waren Spießdorn, Sauerachdorn, Dreidorn und Erbseldorn. Wir verwenden nur die reifen Beeren, da besonders die Wurzelrinde, gefolgt von der Stammrinde und den Blüten, das Alkaloid Berberin enthält.

REIFE DUNKELROTE UND WEICHE BEEREN

Berberitzenbeeren enthalten sehr viel Vitamin C und haben einen säuerlichen Geschmack. Der optimale Zeitpunkt um die Beeren zu ernten ist, wenn diese dunkelrot und auch schon weich sind. Die Beeren schmecken lecker zum Müsli und finden in Früchtetees Anwendung.
Im Iran und anderen Ländern des Nahen Osten haben Berberitzen schon immer einen festen Platz auf dem Speiseplan. Vor allem als würzende Zutat für Reisgerichte und Fleischspeisen sind Berberitzen sehr beliebt. Aus den Beeren lässt sich ein Saft pressen, den man weiter zu Gelee, auch in Verbindung mit anderem Obst, verarbeiten kann. Einen wunderbaren aromatischen, vitaminreichen und gesunden Essig können Sie aus den Beeren herstellen. Auch Likör aus Beeren schmeckt lecker.

Hellgelbe Blüten, mit einem unangenehmen Geruch, hängen in lockeren Trauben.

Berberitzen Essig

Ungefähr 300 g Beeren waschen und zerstampfen. Dann das Fruchtmus mit 0,4 L Rotweinessig übergießen. Das verschlossene Gefäß etwa 14 Tage an einen kühlen, dunklen Platz stellen und gelegentlich schütteln. Nach dem Abfiltern 100 g Zucker dazugeben, aufkochen und in Flaschen abfüllen.

VITAMINSPENDER FÜR DIE KALTE JAHRESZEIT

Die getrockneten Früchte sind in der kalten Jahreszeit ein wunderbarer Vitaminspender bei Erkältungen und der Frühjahrsmüdigkeit. Berberitzen gelten im arabischen und indischen Raum als eines der besten Mittel, um Toxine im Körper zu zerstören. In der Homöopathie wird die Urtinktur aus der getrockneten Rinde der Zweige und der Wurzel zubereitet und bei Leber- und Gallenerkrankungen angewandt.

Hänge-Birke

Betula pendula · Birkengewächs · April–Mai · H 10–30 m

MERKMALE: Baum. Im Jugendstadium schmale, spitzkegelige Krone, mit zunehmendem Alter unregelmäßig. Die Blätter sind wechselständig angeordnet, dreieckig bis rautenförmig, 3–7 cm lang, unbehaart, mit langer Spitze. Gelborange männliche Kätzchen blühen von März bis Anfang Mai. Weibliche, kurz gestielte Kätzchen erreichen bis zum Frühherbst eine kräftige bräunliche Färbung. Weiße, glatte Borke.
VORKOMMEN: Gärten, Wälder, Straßenränder, Parkanlagen, Pioniergehölz.
VERWECHSLUNG: Moor-Birke *(Betula pubescens)*, wächst im Moor und in Bruchwäldern auf sauren Sand- und Torfböden. Fast überall glatte Borke, ovale Blätter.

ZAUBERBAUM DER GERMANEN

Die Birke wurde von den Völkern im Norden Europas sehr geschätzt. Ein Grund mag sein, dass sie zu den ersten Bäumen gehörte, die nach der letzten Eiszeit das Land begrünten. Bei den Germanen galt die Birke als ein prachtvoller Zauberbaum, der den Frühling verkörperte. Noch heute erinnern die Mai- und Pfingstbirken daran. In der Mythologie symbolisiert die Birke Liebe, Glück, Leichtigkeit und Schönheit. Im Frühjahr, kurz bevor die Blätter austreiben, ist die richtige Zeit, um den Birkensaft zu ernten. Wenn man den idealen Zeitpunkt erwischt, wird wie beim menschlichen Herzschlag der Saft in die Flasche gepumpt. Im Kühlschrank lässt sich der frische, süßlich schmeckende Saft ca. 1 Woche aufbewahren. Jeden Tag können Sie ein Gläschen trinken. Der Saft enthält Xylitol, Aminosäuren, Vitamin C, Mineralstoffe, Kalium, Kalzium, Magnesium, Kupfer, Zink und Eisen. Auch soll er das Haarwachstum anregen – einfach den Kopf damit waschen. Im April und Mai kann man die jungen Blätter in Salaten, Smoothies und Gemüse verwenden und für eine Frühjahrsentschlackungskur nutzen. Zur gleichen Zeit können die Blütenkätzchen pulverisiert und zu Streckmehl verarbeitet werden. Vielleicht finden Sie an einem Stamm auch noch den Birkenporling (*Piptoporus betulinus*) – ein Heilpilz, den schon Ötzi, der Mann aus dem Eis, bei sich trug. Vermutlich wusste er schon um die Heilkraft dieses Pilzes.

Moor-Birke mit fast überall glatter Rinde und flaumig behaarten Blättern.

Birkenblätter im Teig

Junge Birkenblätter in einen dünnflüssigen Teig eintauchen, wenden und entweder in einer Pfanne ausbacken oder frittieren. Für den Teig 100 g Dinkelmehl, 125 ml Milch, 1 Ei und Gewürze nach Wahl verrühren. Die Blätter sehen toll aus und schmecken sehr lecker zu einem Salat.

BIRKENBLÄTTER UNTERSTÜTZEN DEN ENTGIFTUNGSPROZESS

Schon seit dem 19. Jahrhundert ist die harntreibende und stoffwechselanregende Wirkung der Birkenblätter bekannt. Daher eignet sich die Birke ganz besonders zur Durchspülung der Harnwege und bei Nierengrieß. Im Frühjahr sind Entschlackungskuren mit Tee sehr beliebt. Neben Brennnessel und Löwenzahn sind die Birkenblätter hierzu bestens geeignet. Außerdem wird dieser Tee als Unterstützungstherapie bei Gicht und Rheuma getrunken.

Wild-Birne

Pyrus pyraster · Rosengewächse · April–Mai · H 8–20 m

MERKMALE: Baum. Die rundlichen Blätter sind wechselständig angeordnet, höchstens 5 cm lang, gestielt, gesägt und am Rand oft bewimpert. Blattoberseite glänzend, Blattunterseite bläulich grün und nie filzig behaart. Reinweiße Blüten mit roten Staubblättern. Rundlich oder eiförmige Früchte mit 1,5–3,5 cm Durchmesser. Der Stamm ist oft drehwüchsig und die Rinde ist rauten- oder würfelförmig gefeldert, teilweise auch schuppig. Sehr schöne rote, violette oder gelbe Herbstfärbung.
VORKOMMEN: Sonnige Hecken, lichte Mischwälder, Solitärbaum.
VERWECHSLUNG: Kultur-Birne *(Pyrus communis)*, Kurztriebe ohne Dornen.

BOTANISCHE RARITÄT

Ursprünglich stammt die Wild-Birne aus Persien und Armenien. Bereits um 300 n. Chr. befassten sich die Römer mit der Züchtung und kannten angeblich bereits zwischen 30 und 40 Birnensorten. In der Schweiz, Frankreich und Deutschland wurden Früchte aus der Jungsteinzeit in Pfahlbauten gefunden.

Die Wild-Birne ist in Europa selten geworden. Die Unterscheidung zur Kultur-Birne, bzw. Bastarde, ist nicht immer einfach. Die Wild-Birne besitzt Dornen an den Kurztrieben. Dieses Merkmal fehlt den Kulturbirnen. Bei der Wild-Birne unterscheiden wir weiter zwei Arten: Die sogenannte »Knödel-Birne« (ssp. *pyraster*) mit runden Früchten und die Holz-Birne *(ssp. achras)* mit den typischen länglichen Früchten. Echte Wild-Birnen gelten heute als botanische Raritäten.

Früchte der Wildform schmecken ähnlich extrem herb wie der Holz-Apfel und wirken aufgrund ihres Gerbstoffgehaltes zusammenziehend. Erst im teigigen Zustand ist sie genießbar. Die Vorfahren unserer heutigen Kultur-Birne sind Wildformen aus Südosteuropa und auch unserer heimischen Wild-Birne.

Die Früchte können entweder rund oder auch birnenförmig sein.

Wir können die Wild-Birne frisch verzehren, zu Marmelade, Gelee, Saft, Wein oder getrocknet als Dörrobst und Tee verwenden. Gedörrte Früchte der Holz-Birne sind in Österreich als Kletzen, im Allgäu als Hutze bekannt. Die Blütenblätter eignen sich auch zum Kandieren.

Wild-Birnen-Marmelade mit Vanille

Schälen und entkernen Sie 500 g Birnen und schneiden Sie diese in kleine Stücke. In 5 EL Zitronensaft und etwas Vanille weich dünsten, dann mit dem Pürierstab fein zermusen. 500 g Gelierzucker dazugeben und 3 Minuten kochen lassen. Kochend heiß in Gläser abfüllen und fest verschließen.

GEKOCHTE BIRNEN – HEIL- UND DIÄTKOST

In der Volksheilkunde bereitet man aus den Blüten einen wirksamen Tee bei Nierenbeckenentzündungen zu. Die Birne wirkt aufgrund ihres Mineralstoffgehaltes, ihrer Säuren, Gerbstoffe und Phenole desinfizierend, harntreibend und beruhigend. Als Heil- und Diätkost gelten gekochte Birnen. Zubereitet als Kompott können sie den Magen stärken und sollen auch Herz- und Kreislauferkrankungen positiv beeinflussen.

Brombeere

Rubus fruticosus · Rosengewächs · Mai–August · H 1–3 m

MERKMALE: Laubblätter in Blattstiel und Blattspreite gegliedert. Blattspreite ist unpaarig 3-, 5- und 7-zählig gefiedert. Blattoberseite dunkelgrün, Blattunterseite heller. Die Blüten sind weiß, seltener rosa und 5-zählig. Rinde grün bis graubraun, mit vielen stacheligen Dornen. Reife Früchte und Blüten erscheinen oft zur gleichen Zeit. Die Frucht ist eine so genannte Sammelfrucht, die aus 20–50 kleinen Steinfrüchtchen besteht.
VORKOMMEN: Hecken, Waldränder, Pioniergewächs.
VERWECHSLUNG: Kratzbeere *(Rubus caesius)*, deren Früchte aber beim Ernten leicht zerfallen.

VIELSEITIG VERWENDBAR

Die Brombeere gehörte schon immer auf den Speiseplan unserer Vorfahren und zählt zu den ältesten bekannten Heilpflanzen. In vielen Büchern aus der Zeit der Griechen, Römer und dem Mittelalter wurde über ihre Anwendung berichtet. In Mitteleuropa kennen wir ca. 70 wildwachsende oder kultivierte Brombeer-Arten, die teilweise nur sehr schwer zu unterscheiden sind. Für den Anbau im Garten wählen Sie am besten Kulturformen ohne Stacheln.

EINE ECHTE VITAMINBOMBE

Brombeeren sind echte Vitaminbomben, sie liefern Vitamin C und E und viele Mineralien. Außerdem gehört der Gehalt an Provitamin A zu den höchsten unter den Beerenfrüchten. Die saftigen und sehr wohlschmeckenden Früchte sind im unreifen Zustand rot und reifen über purpurrot zu blau-schwarzen Früchten heran. Brombeeren sind sehr empfindliche Früchte und verderben schnell, deshalb am besten frisch verzehren. Fällt mal die Ernte zu üppig aus, kann man die Brombeeren auch wunderbar einfrieren. Verwendung finden die köstlich schmeckenden Brombeeren in Marmelade, Gelee, Sorbet, Wein, Likör, Kuchen, Torten, Eis, Rumtopf oder in einem Smoothie. Junge Blätter können Salate aufpeppen oder als Tee aufgegossen werden. Die Blüten eignen sich auch zum Kandieren.

Es gibt etwa 70 Unterarten der Brombeere, deren Früchte alle essbar sind.

ALTES HEILMITTEL GEGEN LEICHTE ENTZÜNDUNGEN

Getrocknete Brombeerblätter finden heute bei unspezifischen, akuten Durchfallerkrankungen oder äußerlich gegen leichte Entzündungen im Bereich der Mund- und Rachenschleimhaut ihre Anwendung. Sie enthalten Gerbstoffe, Flavonoide, Zitronensäure und Vitamin C. Die Blätter sind wegen ihres angenehmen Geschmacks in vielen Teemischungen enthalten. Tee aus Brombeerblättern wurde in der Volksmedizin bei Hautauschlägen, zur Blutreinigung und bei Erkrankungen der Atmungsorgane verwendet.

Brombeer-Lassi

Für den Joghurtdrink etwa 200–300 g frische oder auch gefrorene Brombeeren, 400 g Naturjoghurt, 2 EL Zucker (oder eine Alternative), 1 Prise Kardamom und Wasser, je nach gewünschter Konsistenz (etwa 500–600 ml), in ein hohes Gefäß geben. Das Ganze fein pürieren. Gut gekühlt, in Gläser gefüllt, servieren.

Rot-Buche

Fagus sylvatica · Buchengewächse · April–Mai · H 25–40 m

MERKMALE: Baum. Markante schmale und lange spitz zulaufende Knospen. Blüten kommen zusammen mit dem Blattaustrieb. Die 5–10 cm langen und 4–7 cm breiten Blätter sind elliptisch, wechselständig und gestielt. Ausgeprägte Seitennerven, helle, weiße Wimpern kurz nach dem Blattaustrieb. Blattrand leicht gewellt. Blattoberseite dunkelgrün-glänzend, Blattunterseite mit Behaarung (Lupe). Farbenprächtige goldgelbe Herbstfärbung. Rinde glatt und silbergrau. Bucheckern mit Nussfrüchten in einer 4-klappigen, stacheligen Hülle.

VORKOMMEN: Wälder, Parks, einer der bedeutendsten Forstbäume.

VERWECHSLUNG: Hainbuche *(Carpinus betulus)*, deren Rinde leicht gewellt ist.

BRAUCHT NICHT VIEL LICHT ZUM WACHSEN

Den Römern waren die dunklen Buchenwälder Germaniens unheimlich. Plinius schrieb: *»Wälder bedecken das ganze Germanien und verbinden die Kälte mit dem Dunklen«*. Tatsächlich kommt die Buche, im Gegensatz zu anderen Bäumen, mit sehr wenig Licht zurecht. Neben den Eichen gehörten Buchen im Mittelalter mit ihren nahrhaften Früchten in der Viehmast zu den wichtigsten Bäumen unserer Wälder. Von Natur aus ist Deutschland ein artenreiches Buchenland. Durch die Eingriffe des Menschen, vor allem in den letzten 2000 Jahren, wurden die Buchen stark zurückgedrängt und durch schnell wachsende Nadelhölzer ersetzt.

Buchenholz ist sehr hart und zäh, aber wenig elastisch und sehr anfällig für Pilzerkrankungen. Deshalb kann das Holz nur nach entsprechender Behandlung im Außenbereich Verwendung finden. Heute wird es vor allem in der Möbel-, Parkett- und Papierindustrie und als wichtiges Heizmaterial verwendet.

Junge, zarte Blätter und Keimlinge kann man in geringen Mengen roh verzehren oder in Salaten, Gemüsegerichten, Aufläufen und Smoothies verwenden. Bucheckern sollten zunächst geröstet und nicht roh verzehrt werden – es scheint individuelle Unverträglichkeiten zu geben. Aus ihnen kann man einen Kaffee-Ersatz oder Öl herstellen. Geröstete Bucheckern schmecken auch lecker zu Salat oder Gemüse.

Herbstsalat mit Bucheckern

Gesammelte Bucheckern mit einem Messer öffnen und in der Pfanne mit etwas Öl anrösten, bis sie zu knacken beginnen und die feine Nusshaut aufspringt. Salate nach Jahreszeit mit einem Dressing anrichten und die Bucheckern darüberstreuen.

Bucheckern können am besten vom Boden aufgesammelt werden.

BACHBLÜTE 'BEECH'

Früher wurde Buchenholzteer äußerlich bei Hauterkrankungen und rheumatischen Beschwerden aufgetragen. Buchenholz wird zur Herstellung von Holzkohle zur Anwendung in homöopathischen Zubereitungen genutzt. Die Asche wirkt desinfizierend und wird mit Johanniskrautöl gemischt, um als Paste Wunden und Geschwüre zu heilen.

Die Bachblüte 'Beech' soll bei Intoleranz helfen. Menschen, die 'Beech' benötigen neigen dazu, ständig ihre Umwelt zu kritisieren.

Douglasie

Pseudotsuga menziesii · Kieferngewächse · April–Mai · H 30–60 m

MERKMALE: Nadelbaum mit gerader und schlanker Krone, Wuchshöhe 10–60 m. Die 2–3 cm langen Nadeln sind grün bis blaugrün, weich, stumpf und einzeln stehend. Beim Zerreiben verströmen sie einen aromatischen, zitronenartigen Geruch. Sehr markante rissige silbergraue Rinde mit Harzbeulen. Das farblose Harz riecht stark nach Zitrone. Die hellbraunen hängenden Zapfen können bis zu 8 cm lang werden, mit langen herausragenden 3-zipfeligen Schuppen. Männliche Blüte gelblich braun, weibliche gelbgrün.
VORKOMMEN: Wälder, Parks, nährstoffreiche, lehmig, humose und nicht zu steinige Böden.

VERWECHSLUNG: Fichte *(Picea abies)*, hängende Zapfen. Tanne *(Abies alba)*, stehende Zapfen. Junge Douglasien sehen der giftigen Eibe *(Taxus baccata)* ähnlich!

WIDERSTANDSFÄHIGER UND BEDEUTENDER FORSTBAUM

Vor der letzten Eiszeit war die Douglasie auch in Europa heimisch. Doch bei uns starb sie aus und überlebte im Nordwesten von Nordamerika. Erst im 18. Jahrhundert brachte sie der schottische Botaniker Douglas wieder mit nach Europa in die 'Kew Gardens' nach London. Seit dieser Zeit verbreitete sie sich in Gärten und Parks und wurde immer mehr zu einem bedeutenden Forstbaum. Besonders das rasante Wachstum und auch die herausragenden Holzeigenschaften begeisterten die Forstleute. Mit ihrem Herzwurzelsystem ist die Douglasie, besser als die flach wurzelnde Fichte, gegen Stürme und starken Wind gerüstet.

Die Douglasie wächst schnell und kann einige hundert Jahre alt werden. Douglasienholz ist vielfältig verwendbar und verfügt, ähnlich wie Lärchenholz, über eine hohe Dauerhaftigkeit im Außenbereich. Wenn Sie einmal die typisch rissige Rinde und die am Boden liegenden sehr markanten Zapfen wahrgenommen haben, werden Sie die Douglasie ganz leicht in der Natur erkennen können. Im Wald finden Sie Douglasien oft zusammen mit Fichten gepflanzt.

Honig mit Triebspitzen

Eine Handvoll junger und zarter Triebe mit einem Messer klein schneiden und mit 500 g flüssigem Honig übergießen. Das Ganze für etwa 6 Wochen im Haus an einem dunklen Platz ziehen lassen und dann abseihen. Schmeckt lecker auf Brot oder auch zum Süßen von Tee.

Zapfen sind mit den herausragenden Schuppen leicht zu erkennen.

Wir können junge, zarte und klein gehackte Triebe als Bestandteil eines Kräutersalzes nutzen oder auch einen Honig damit herstellen. Früher nutzten unsere Vorfahren die Blütenpollen wohl zum Strecken von Mehl. Das war sicherlich keine leichte Arbeit. Im Mai und Juni können wir männliche Blütenknospen und auch junge Zapfen mit ihrem tollen Aroma für die Herstellung von Sirup usw. verwenden.

ÄTHERISCHES ÖL DER DOUGLASIE

Von der Douglasie wird ihr ätherisches Öl in der Aromatherapie verwendet. Es soll eine starke antimikrobielle, immunstimulierende und antivirale Wirkung haben und zur Besserung bei Erkältungen oder einer Grippe beitragen. Das Öl löst Verschleimungen, wirkt desinfizierend und stimuliert die körpereigenen Abwehrkräfte.

Eberesche, Vogelbeere

Sorbus aucuparia · Rosengewächse · Mai–Juni · H 10–15 m

MERKMALE: Sommergrüner, mehrstämmiger Strauch oder Baum mit auffallend lichter Krone. Blätter bestehen aus 9–19 Fiedern und sind wechselständig angeordnet. Blattoberseite mattgrün und anliegend behaart, Blattunterseite dicht graufilzig. Blüten in zahlreichen, ausgebreiteten Schirmrispen. Stammrinde hellgrau, glatt, glänzend, später mit rissiger Borke. Sehr prächtige Herbstfärbung. Kugelige, orange- bis korallenrote 8–10 mm große Früchte.
VORKOMMEN: Waldränder, Gärten und Parks, Solitärbaum.
VERWECHSLUNG: Gemeine Esche (*Fraxinus excelsior*), ähnlich gegenständige, lang gestielte Blätter. Holunder (*Sambucus nigra, Sambucus racemosa)*, ähnlich weiße, schirmförmige Blütenstände. Mehlbeere (*Sorbus aria)*, ähnlich kugelige Früchte, aber keine gefiederten Blätter.

HEILIGER BAUM DER KELTEN

Angetan von der Schönheit der Eberesche weihten die Kelten diesen Baum ihrem Gott Thor und ernannten ihn zum heiligen Baum des Lebens. Der Namen Vogelbeerbaum trifft wirklich zu. Menschen nutzten früher die verlockend roten Beeren um Vögel zu fangen. Kein Wunder also, dass die Eberesche den lateinischen Namen »aucuparia« bekommen hat, was so viel wie »Vogel fangen« bedeutet. Über 60 Vogelarten nutzen die Eberesche als Nahrungsquelle oder auch als Brutplatz. Die Blätter und Früchte dienen aber auch Insekten, Rehen und anderen Säugetieren als Nahrungsquelle.

Sehr beeindruckend sind die reich blühenden Vogelbeeren im Frühjahr.

NICHT ROH ESSEN!

Vogelbeeren sollten wegen der enthaltenen Parasorbinsäure nicht roh verzehrt werden, da sie zu leichten Vergiftungserscheinungen und Magenschmerzen führen können. Allerdings werden die rohen Beeren wegen des bitteren Geschmacks eher selten in größeren Mengen gegessen. Beim Kochen verliert sich der herbe Geschmack der Beeren etwas und Sie können die Vogelbeeren zu schmackhaften Produkten, wie Marmelade, Gelee, Aufstriche, Mus, Sirup, Chutney oder einem leckeren Likör, weiter verarbeiten. Die Beeren und die Blüten können auch als Tee verwendet werden. Baumschulen verkaufen oft die Sorte »Mährische Vogelbeere«, eine Kulturform der Eberesche mit weniger bitterem Geschmack. Übrigens verliert sich der bittere Geschmack auch, wenn die Früchte vor der Verarbeitung für einige Tage eingefroren werden.

Vogelbeerenmehl

Bis zu 20 % Vogelbeerenmehl, aus getrockneten und gemahlenen Beeren, kann man anderen Mehlsorten beimischen. Das Vogelbeerenmehl bringt eine wunderschöne hellrote Farbe und einen fein herben Geschmack in das Gebäck. Probieren Sie es mal aus!

VIEL VITAMIN C

In der Volksheilkunde haben die Vogelbeeren als mildes abführendes und harntreibendes Mittel Bedeutung. Wegen ihres hohen Vitamin-C-Gehalts wurden die Beeren als wirksames Mittel gegen Skorbut und Erkältungskrankheiten eingesetzt. Der Saft soll bei Heiserkeit als Gurgelmittel helfen. Tee aus den getrockneten Blättern und Blüten wurde von Heilkundigen bei Rheuma und Gicht empfohlen.

Stiel-Eiche

Quercus robur · Buchengewächse · Mai–Juni · H 20–40 m

MERKMALE: Dickstämmiger Baum. Die Blätter sind wechselständig angeordnet, verkehrt eiförmig, unregelmäßig gelappt bzw. gebuchtet, fallen im Herbst. Unscheinbare Blüten am Grunde von Langtrieben. Männliche Kätzchen 2–4 cm lang, schlaff hängend. Weibliche Blüten in lang gestielten Ähren zu 2–5 Blüten an den Triebenden. Dunkelgraue bis braungraue Rinde und knorrige Äste. Früchte auf 4–6 cm langen Stielen.

VORKOMMEN: Wälder, Parks oder auch Solitärbaum.

VERWECHSLUNG: Traube-Eiche *(Quercus petraea)*, Blätter ziemlich regelmäßig gelappt, fallen meist erst im Frühjahr.

SINNBILD FÜR STANDHAFTIGKEIT

Dem Gott Donar weihten die Germanen die Eiche. Die Eiche steht auch heute noch in vielen Kulturen als Sinnbild für Stärke, Standhaftigkeit, Wahrheit, Weisheit und Heldentum. Viele der heutigen Naturdenkmale sind imposante, bis zu 1000 Jahre alte Eichen.

Für unsere Vorfahren waren die Eichen eine wichtige Nahrungsquelle. Mit viel Stärke, Eiweiß und der besonderen Fetteigenschaft wurde das Eichelmehl dem kostbaren Getreide beigemischt und die Eicheln dienten zur Schweinemast. In sogenannten Mastjahren haben wir es leicht, größere Mengen zu sammeln und Eichelmehl herzustellen. Richtig getrocknet lässt sich das Mehl wunderbar lagern. Um die harte Schale zu entfernen, gibt man die Eicheln auf einem Backblech bei 150 °C in den Backofen, bis diese aufplatzen. Dunkle und verfärbte Eicheln werden aussortiert. Um die Eicheln zu entbittern, kommen diese mit etwas Natron in ein Wasserbad. Das Wasser wird zweimal am Tag gewechselt, solange bis es sich kaum noch verfärbt. Dieser Vorgang kann einige Tage dauern. Wenn dann die Eicheln richtig trocken sind, können sie gemahlen werden. Bei der Zubereitung von Frikadellen,

Eicheln kommen so gedrängt stehend nur alle paar Jahre vor.

Brot oder Suppen mische ich max. 50 % Eichelmehl anderen Mehlsorten bei. Junge Blätter kann man in geringen Mengen in Suppen oder Gemüse verwenden. Getrocknet ebenfalls als Streckmehl geeignet.

Eichelkaffee

Gewaschene und entbitterte Eicheln im Backofen bei 50 °C rösten, solange bis sie braun geworden sind. Danach die Eicheln in einer Kaffeemühle oder geeigneter Küchenmaschine mahlen. Für den schnellen Genuss als Instantkaffee nehme ich einen gehäuften Teelöffel Eichelkaffee pro Tasse.

HEILENDE GERBSTOFFE

Die getrocknete Rinde junger Zweige ist in der Heilkunde von Bedeutung. Bis zu 20 % der Gerbstoffe finden sich in den Eicheln. In der Volksmedizin steht die zusammenziehende, entzündungshemmende, blut- und juckreizstillende Wirkung der Gerbstoffe im Vordergrund. Bekannt sind Bäder mit Eichenrinden gegen Fußschweiß, Frostschäden und Hämorrhoiden. Die Bachblüte 'Oak' soll bei krankhaften Störungen, die mit Unnachgiebigkeit oder Leistungszwang einhergehen oder davon ausgelöst werden, eine sanfte Hilfe leisten.

Elsbeere

Sorbus torminalis · Rosengewächs · Mai–Juni · H 15–25 m

MERKMALE: Sommergrüner, aufrechter Strauch oder Baum. Blätter im Umriss breit, einförmig, an den Seiten jeweils 3–4 zugespitzte Lappen, Rand gesägt, Blattstiel 2,5–6 cm lang. Blattoberseite ist glänzend grün, Blattunterseite hellgraugrün. Blüten in 6–10 cm breiten Trugdolden mit meist über 30–40 Einzelblüten. Grünlich bis graue feinschuppige Rinde. Zweige grün oder olivbraun. Die apfelähnlichen Früchte sind rötlich-gelb bis braun und etwa 1,5 cm im Durchmesser.
VORKOMMEN: Eichen-Hainbuchenwälder, Waldränder, Parks, ziemlich selten.
VERWECHSLUNG: Ahorn *(Acer platanoides)*, Blätter ähnlich gegenständig, mit zugespitzten Zähnen. Junger Weißdorn *(Crataegus laevigata)*, Blätter 3–5-teilig, nur bis zur Mitte geteilt.

DAS EDELSTE HOLZ

Die deutschen Namen der Elsbeere sind sehr vielfältig, z. B. Elschbirle, Eisenbeere, Sauerbirla, Sperberbaum oder Ruhrbirne. In Deutschland ist die Elsbeere auch als »Schweizer Birnbaum« bekannt.
Im Jahr 2011 wurde sie zum Baum des Jahres gekürt, um der seltenen Elsbeere wieder zu mehr Aufmerksamkeit zu verhelfen. Sie hat eines der edelsten und teuersten Hölzer und wird seit Jahrhunderten bei Schreinern, Drechslern und Instrumentenbauern wegen der hohen Belastbarkeit, Elastizität und Festigkeit sehr geschätzt.
Viele Beschreibungen aus der Vorzeit finden wir nicht über die Elsbeere – lediglich in einigen Märchen und Sagen taucht die Elsbeere auf. Von Martin Luther ist bekannt, dass er die Elsbeere kannte und nutzte. In einem Brief bat er seinen Freund Johannes Agricola *»doch noch mehr von den köstlichen Früchten zu schicken«*.
Die Früchte der Elsbeere reifen zwischen August und Oktober und sind nur mit großem zeitlichen Aufwand zu ernten. Sie fallen nicht einfach zu Boden, sondern müssen mit Leitern entsprechend geerntet werden. Roh gegessen schmecken sie süßlich-sauer und haben einen hohen Vitamin-C-Gehalt. Reife Früchte können Sie nach dem Frost als Trockenobst, Kompott, Marmelade, Gelee oder als Zutat für Schokolade, Konfekt, Käse, Kekse, Kuchen und Torten verwenden.

Anhand der markanten Blätter und Trugdolden ist die Elsbeere gut zu erkennen.

VERLORENES WISSEN

Der botanische Gattungsname *Sorbus* (lat. sorba: Frucht) stammt von der Nutzung der Früchte. Der Artbeiname *torminalis* (lat: tormina: Bauchschmerzen) leitet sich von der früheren Verwendung der gerbstoffhaltigen Früchte als Heilmittel bei Bauchschmerzen, Durchfallerkrankungen und Roter Ruhr ab. Daher der Name »Ruhrbirne«.
Heute ist dieses Wissen über die Elsbeere und damit die Nutzung weitgehend verloren gegangen.

Elsbeerensuppe – Rezept aus Österreich

30 g Lauch und 1 Schalotte in kleine Würfel schneiden und in 10 g Butter anschwitzen. Nun ca. 50 g frische und 50 g gehackte, getrocknete Elsbeeren und 1 Lorbeerblatt dazugeben und es solange schmoren bis alles glasig ist. Nach dem Auskühlen mit 1 L kalter Rinder- oder Hühnersuppe aufgießen, würzen und das Ganze aufkochen lassen. Verfeinern mit Kräutern nach Wahl.

Esche

Fraxinus excelsior · Ölbaumgewächs · April–Mai · H 30–40 m

MERKMALE: Baum mit steil aufwärts gerichteten Ästen. Gegenständige, lang gestielte Blätter mit 4–6 Fiederpaaren. Fiederblättchen kurz gestielt bis zu 25 cm lang und scharf gesägt. Blattoberseite frischgrün, Blattunterseite etwas heller. Die Hauptnerven sind leicht behaart. Reichblütige Rispen vor dem Laubaustrieb. Rinde längsrissig, breit gerippt und grau. Geflügelte hellbraune Nussfrüchte, an vorjährigen Zweigabschitten. Sehr markante schwarze Knospen.
VORKOMMEN: Auen- und Mischwälder, entlang von Bächen und Flüssen, Parks, Pionier- und Solitärbaum.
VERWECHSLUNG: Blumen-Esche *(Fraxinus ornus)*, ein Baum der bei uns nur in Parks vorkommt.

DER WELTENBAUM YGGDRASIL

In der germanischen Mythologie ist die Esche einer der wichtigsten Bäume. Sie stellt dort den Weltenbaum Yggdrasil als Achse und Stütze der Welt dar.
Bereits seit der Antike wird die Esche mit ihren hervorragenden Eigenschaften als Waffenholz, insbesondere für Speere, genutzt. Der griechische Held Achilles soll mit einem Eschenspeer den Trojaner Hektor besiegt haben. Das Holz ist sehr elastisch, zäh und splittert nicht. Turngeräte und Werkzeugstiele werden heute noch bevorzugt aus Eschenholz gefertigt.

GESCHMACK – BITTER!

Bei der kulinarischen Verarbeitung ist zu bedenken, dass die Pflanze insgesamt bitter schmeckt. Solange die unreifen, grünen, geflügelten Früchte noch weich sind, können Sie diese zu einem Gemüse kochen. Wem das Ganze zu bitter ist, sollte das Kochwasser am besten mehrmals wechseln. Im April können Sie junge Schösslinge und die zarten Blätter für Salate, Smoothies oder Gemüse verwenden. Die jungen Samenschoten können im Juli bis August in kleinen Mengen zu einem Pfannengemüse verarbeitet werden. Charakteristisch ist, dass die überreifen Samenschoten den ganzen Winter über an den Bäumen hängen. Die Esche ist seit einigen Jahren durch eine Pilzkrankheit in ihrem Bestand bedroht – verursacht durch einen Schlauchpilz, dem »Falschen Weißen Stängelbecherchen«.

Im Juni und Juli findet man die noch unreifen, jungen und grünen Früchte.

ENTZÜNDUNGSHEMMEND UND SCHMERZSTILLEND

Ihre Pflanzenteile wurden schon im antiken Griechenland und später im Mittelalter zur Behandlung entzündlicher Erkrankungen eingesetzt. Die Blattextrakte zeigten entzündungshemmende und schmerzstillende Effekte. Die getrockneten Blätter spielten in der Volksheilkunde als Teezubereitung bei Blasenleiden, Verstopfungen, Wassersucht, Rheuma und Nierenleiden eine Rolle. Als fiebersenkend galt die Rinde. Die Wirkstoffe sind Bitterstoffe, Cumarin, Flavonoide, Gerbstoffe, Harz und ätherische Öle.

Gewürz aus den Samen

Die reifen, aromatischen Samen mit einem Dörrgerät, Backofen oder an der Luft trocknen, danach mahlen. Mit ihrem Kardamom-Piment-Geschmack eignen sich die Samen wunderbar zum Backen oder als Glühweingewürz. Aus den Samen lässt sich auch ein leider nicht lange haltbares Öl gewinnen.

Felsenbirne

Amelanchier ovalis · Rosengewächse · April–Mai · H 2–4 m

MERKMALE: Sommergrüner kleiner Baum oder Strauch. Blätter sind gestielt, wechselständig, fein gezähnt mit einer weiß-filzigen Blattunterseite. Die weißen Blüten bestehen aus 5 radiär angeordneten Blütenblättern und hängen in büscheligen Trauben. Lang gestielte, etwa erbsengroße Früchte, reifen zwischen Ende Juni und September und haben je nach Art, eine dunkelrote bis schwarzblaue Färbung. Wunderschöne orange bis dunkelrote Herbstfärbung der Blätter.
VORKOMMEN: Gärten und Parkanlagen.
VERWECHSLUNG: Mit einigen anderen essbaren, aber auch giftigen Sträuchern, mit ovalen Blättern und roten oder blauschwarzen Früchten wie z. B. Rote Heckenkirsche *(Lonicera xylosterum).*

BEVORZUGT STEINIGEN BODEN

Die Felsenbirne gehört mit zu den beliebtesten Sträuchern in Gärten und Parks. Neben der heimischen Art der Gewöhnlichen Felsenbirne *(Amelanchier ovalis)* werden vor allem die veredelte Sorte »Ballerina«, die 4–6 m hoch wachsende Kupfer-Felsenbirne *(Amelanchier lamarckii)*, die etwas niedrigere Hängende Felsenbirne *(Amelanchier laevis)* und die nur etwa 2 Meter hohe Ährige Felsenbirne *(Amelanchier spicata)* gepflanzt. Fast das ganze Jahr hat dieser Strauch etwas zu bieten. Bronzefarben erfreuen uns die jungen Blätter im Frühjahr und mit einem weißen Blütenkleid von Ende April bis Anfang Juni. Von Ende Juni bis September leuchten dann die dunkelvioletten Früchte. Allerdings müssen wir bei der Ernte schnell sein, denn auch für einige heimische Vögel, wie Amseln, Finken und Drosseln, sind die Beeren wahre Leckerbissen.

Viele, die Felsenbirnen in ihrem Garten haben, wissen gar nicht, dass man die Früchte essen kann. Der süßliche Geschmack erinnert bei voll ausgereiften Früchten ein wenig an Heidelbeeren. Sie sind reich an Vitaminen, Mineralstoffen und Gerbsäure. Felsenbirnenfrüchte schmecken köstlich und können roh vom Strauch gegessen oder zu Marmelade, Gelee, Likör und Sirup verarbeitet werden. Auch in Quark oder als Kuchenbelag schmecken sie köstlich. Unreife Früchte oder große Mengen zerkauter Samen können zu Magen-Darm-Beschwerden führen.

Die Früchte sehen nicht nur ganz toll aus, sondern sie schmecken auch köstlich.

Felsenbirnenmarmelade

1 kg Früchte der Felsenbirne (eventuell mit anderen Früchten, wie Himbeeren, Brombeeren, usw. mischen) mit einem Paket Gelierzucker 1:2 nach Anweisung einkochen und noch heiß in vorbereitete Gläser füllen. Wer keine Kerne haben möchte, sollte die Früchte nach dem Weichkochen pürieren und durch ein feines Sieb streichen.

GESUNDES HERZ UND ERHOLSAMER SCHLAF

In der Volksmedizin hatte die Felsenbirne als Heilpflanze keine Bedeutung. Dennoch soll Tee aus den getrockneten Beeren bei Entzündungen im Mund- und Rachenraum heilsam wirken und zur Blutdrucksenkung führen. Auch die Herzleistung soll günstig beeinflusst werden und zu erholsamem Schlaf beitragen.

Genutzt werden nur die Früchte. In Samen und Blättern befinden sich geringe Mengen von Glykosiden.

Fichte

Picea abies · Kieferngewächse · April–Juni · H 40–60 m

MERKMALE: Nadelbaum. Nadel 1–2,5 cm lang, 1 mm dick, im Querschnitt rautenförmig, kantig, zugespitzt, steif und stechend. Die Zweige fühlen sich bei der Fichte rau an. Rinde kupferbraun, löst sich in kleinen rundlichen Schuppen ab. Zur Reifezeit bräunlich hängende, immer etwas harzige, 10–15 cm lange und 3–4 cm dicke Zapfen. Samen mit 1,5 cm langem und 6–7 mm breitem Flügel.
VORKOMMEN: Wälder, Monokulturen, Solitärbaum.
VERWECHSLUNG: Giftige Eibe *(Taxus baccata)*, rote Beeren und keine Zapfen, Nadeln sehr fest mit dem Zweig verbunden, lassen sich nicht einfach abzupfen. Tanne *(Abies alba)*, wie schon ein Sprichwort sagt: *»Die Fichte sticht, die Tanne nicht«.*

weiblicher, rötlicher Blütenstand

steife Nadeln, die nach allen Seiten abstehen

10–15 cm lange Zapfen

DER HÄUFIGSTE BAUM

Bei Germanen und Griechen hatte die Fichte große Bedeutung. So wurde der Baum als Schutz- und Lebensbaum verehrt bzw. dem Meeresgott Poseidon geweiht. Durch den immensen Bedarf an Bau-, Brennholz und Holzkohle, rodeten unsere Vorfahren über Jahrhunderte die allermeisten der natürlich vorkommenden Laubholzbestände und ersetzten diese durch schneller wachsende Nadelbäume, besonders die Fichte. Heute besteht mit 54 % der größte Teil der Wälder aus Nadelbäumen, davon 25 % aus Fichten, die somit die häufigste Baumart in Deutschland ist. Die Fichte kann bis zu 600 Jahre alt werden. Im Frühjahr können wir die jungen, zarten, etwas säuerlich schmeckenden Triebe schon im Wald kosten. Zu Hause lassen sich die Triebe zu einem leckeren und gesunden Fichtenspitzenhonig verarbeiten oder einfach in einen Bienenhonig geben und auf das Brot streichen. Nicht zu vergessen der Fichtennadellikör! Lecker schmecken auch die kleinen, weichen, weiblichen Zapfen, wenn diese in einer Pfanne angeröstet und je nach Geschmack mit etwas Zucker bestreut werden. Die

Junge Fichtentrieben sind sehr zart und haben einen säuerlichen Geschmack.

Fichtenspitzen stecken voller Vitamin C, Gerb- und Bitterstoffen, ätherischen Ölen, Mineralien und Spurenelementen. Die jungen Triebe der Tanne *(Abies alba)* können Sie genauso nutzen, wie die der Fichte.

Fichtenspitzen Honig

Man benötigt ca. 200 g Fichtenspitzen, 1 L Wasser, 1 Zitrone und ca. 1500 g Zucker. Die Fichtenspitzen in das Wasser geben und kurz aufkochen lassen. Am nächsten Tag die Fichtenspitzen durch ein Tuch filtern und dieses kräftig ausdrücken. Zucker und den Saft der Zitrone dazugeben, das Ganze langsam köcheln, bis die Flüssigkeit eine sirupartige Konsistenz hat.

ÄTHERISCHES ÖL FÜR DIE ATEMWEGE

Das ätherische Öl können Sie zum Einreiben oder zur Inhalation bei Atemwegserkrankungen verwenden. Die durchblutungsfördernde Wirkung findet bei Muskelverspannungen, Sportverletzungen und Rheuma ihre Anwendung. Bei Erkältungen und Atemwegserkrankungen sind Fichtennadelbäder sehr wohltuend. Fichtenharz finden wir fast das ganze Jahr an verwundeten Stellen der Bäume. Beim Räuchern hat es einen kräftigen, leicht süßlichen Weihrauchgeruch und soll schleimlösend und schmerzlindernd wirken.

Roter Hartriegel

Cornus sanguinea · Hartriegelgewächse · Mai–Juni · H 2–4 m

MERKMALE: Strauch. Die ovalen, ganzrandigen, 4–10 cm langen, zugespitzten Blätter sind gegenständig und haben auffällige, parallel verlaufende Nerven. Weiße Blüten, mit dem markanten, fischartigen Geruch, sind in Trugdolden von ca. 6 cm Durchmesser an den Triebspitzen angeordnet. Bei der Reife sind die Früchte weiß punktiert, kugelig, schwarzblau und ca. 8 mm groß. Im Herbst verfärben sich die Blätter von gelb-orange bis tief violett-rot. Die Zweige sind im Winter blutrot gefärbt.
VORKOMMEN: Hecken, Ödland, verwilderte Weinberge, Steinriegel und Strauchflächen, bevorzugt auf Kalkböden.
VERWECHSLUNG: Tatarischer Hartriegel *(Cornus alba)*, Zierstrauch unserer Gärten, weiß bis bläuliche Früchte.

DER NAME VERRÄT SEIN AUSSEHEN

Woher der Blutrote Hartriegel seinen Namen hat, lässt sich unschwer erkennen. Sowohl die Blätter als auch seine Zweige sind im Herbst rot, die ihn schon von Weitem erkennen lassen. Während die jungen Zweige an der lichtzugewandten Seite eine tiefrote Farbe bekommen, sind diese an der lichtabgewandten Seite eher grün. Ich habe im Herbst schon gelegentlich zwischen dem gefärbten Laub und reifen Beeren, gleichzeitig noch Blüten, die durch eine Zweitblüte entstanden sind, entdeckt. Der Hartriegel ist während des ganzen Jahres ein sehr markanter und leicht zu erkennender Strauch in der Natur. Der Rote Hartriegel ist stark ausläufertreibend und abgesenkte Zweige bewurzeln schnell den Standort weiter. So findet man den Hartriegel meist in größeren Beständen in der Natur. Oft besiedelt er als Pioniergehölz schnell freiliegende Flächen und schützt so den Boden vor Erosion.

Im Frühjahr sind seine weißen Blüten eine wichtige Nahrungsquelle für Schmetterlinge und Wildbienen. Einige Vogelarten bauen gerne ihr Nest in den Zweigen und im Herbst sind die Beeren eine willkommene Nahrungsquelle, auch für Zugvögel.

Öl aus den Beeren

Die Früchte werden dazu zunächst erhitzt. Anschließend werden sie heiß, am besten mit einer Ölpresse, ausgepresst. Damit sich der Aufwand lohnt, wird eine große Menge reifer Beeren benötigt. Der Grundgeschmack der Früchte ist leicht bitter, sodass das Öl sicher nicht jedermanns Geschmack ist.

Die schwarzblauen Früchte fallen mit ihrer auffallenden Punktierung ins Auge.

ROHE BEEREN SIND GIFTIG

Die rohen Früchte sind bitter und gelten in diesem Zustand als »giftig« oder zumindest ungenießbar und rufen vor allem bei Kindern Bauchschmerzen, Übelkeit und Erbrechen hervor. Nach dem Abkochen eignen sich die Beeren dann, in Kombination mit anderen Wildfrüchten, für Marmelade, Gelee oder Fruchtsäfte. In den Blatthaaren befindet sich Kalziumkarbonat, das bei Berührung Hautreizungen verursacht.

GURGELWASSER

Rinde und Früchte mit adstringierender und entzündungshemmender Wirkung können zur Herstellung von Gurgelwasser verwendet werden. Außerdem wirkt Hartriegel schmerz- und blutstillend. Für die Hautpflege kann ein Öl aus den Kernen hergestellt werden.

Hasel

Corylus avellana · Birkengewächse · Februar–März · H 5–10 m

MERKMALE: Strauch oder kleiner Baum. Blätter stehen 2-zeilig wechselständig, sind oval, rundlich oder herzförmig, 6–10 cm lang und fast ebenso breit. Männliche Blüten als hängende Kätzchen, weibliche als kleine Knospen, erscheinen ab Februar/März vor dem Blattaustrieb. Der Blattstiel ist 5–15 mm lang und drüsig behaart, Blattrand grob doppelt gesägt. Die Rinde ist glänzend hellbraun bis rötlichgrau mit waagerechten, hellen Malen. Haselnuss mit einem großen Samen, Ernte September–Oktober.
VORKOMMEN: Hecken, Waldränder, Gärten, Solitärstrauch.
VERWECHSLUNG: Große Hasel oder Lambertshasel *(Corylus maxima)*, Korkenzieher-Hasel *(Corylus avellana)*.

DAS HOLZ DER WÜNSCHELRUTEN

Schon seit Jahrtausenden war der Haselstrauch für die Menschen ein wichtiger und geschätzter Strauch. Bei den Germanen galt die Hasel als Baum des Wissens und bot außerdem Schutz vor Hexerei, Blitzschlag und Krankheiten. Die Hasel soll Kraft spenden und die Sinnlichkeit anregen. Wegen ihrer »lustanregenden Wirkung« wurde sie sowohl von Hildegard von Bingen als auch von der Christlichen Kirche abgelehnt.

Bis heute nutzen Wünschelrutengeher Haselnussholz wegen seiner guten Energieleitung zur Herstellung von Ruten. Haselsträucher können bis zu 100 Jahre alt werden.

Einige Tiere, wie Mäuse, Eichelhäher oder Eichhörnchen, legen mit den Haselnüssen Wintervorräte an, die sie allerdings nicht mehr alle auffinden. Somit tragen sie zur Verbreitung der Haseln bei.

Die aromatischen Nüsse sind sehr nahrhaft und fettreich mit viel Vitamin A, B und E sowie einer gehörigen Portion Kalzium, Kalium und Eisen. Man kann sie einfach knabbern, zum Backen oder für Desserts nutzen oder einfach ins Müsli geben. Wer

Reife Haselnüsse fallen zu Boden und können dann einfach gesammelt werden.

etwas Aufwand betreiben möchte, kann mit einer Ölpresse aus den Nüssen das wohlschmeckende Haselnussöl gewinnen. Zusammen mit anderen Wildkräutern kann man ganz junge und zarte Blätter im Salat oder als Zutat bei einem Spinatgericht verwenden.

Die getrockneten und gemahlenen männlichen Blütenkätzchen können zum Strecken von Mehl genutzt werden.

GUT ZU FUSS

In der Naturheilkunde benutzt man die Kätzchen vom Haselstrauch, die Rinde junger Triebe, die Samen und die Blätter. Die Blätter und die Rinde dienen als Ersatz für Hamamelisblätter bei Venenentzündungen, Krampfadern und Hämorrhoiden. Unsere Vorfahren verwendeten die Hasel für verschiedene heilende Zwecke, u. a. gegen Impotenz und Hustenreiz.

Haselnussmilch

Nüsse mit der doppelten Menge Wasser über Nacht einweichen. Wasser abgießen und die Nüsse mit 1 L frischem Wasser, 2 Datteln und 1 Prise Salz sehr fein pürieren. Pürierte Nussmasse durch Sieb und Tuch filtern und gut ausdrücken. Die Haselnussmilch abfüllen, hält sich 3 Tage im Kühlschrank. Sehr lecker zu Müsli, Smoothies oder als Shake.

Heidelbeere

Vaccinium myrtillus · Heidekrautgewächse · Mai–Juli · H 15–50 cm

MERKMALE: Die Blätter sind 2–3 cm lang, eiförmig bis elliptisch, fein gesägt und beiderseits grasgrün. Der Zwergstrauch wächst stark verzweigt mit aufrechten, kantigen bis schmal geflügelten, grünen Ästen. Nickende Blüten wachsen einzeln aus Blattachseln. Die schwarzblauen, maximal 1 cm großen Früchte finden wir von Juli bis in den September. Sehr schöne tiefrote Herbstfärbung.
VORKOMMEN: Zeigerpflanze für saure Böden. Halbschattenpflanze in bodensauren, humosen, nährstoff- und basenarmen Heidelandschaften, lichte Nadelwälder.
VERWECHSLUNG: Leicht giftige Rauschbeere *(Vaccinium uliginosum)*, runde Zweige und ganzrandige und blaugrüne Blätter.

KÖNIGIN DER ANTIOXIDATIVEN FRÜCHTE

Die Heidelbeere wurde schon immer als schmackhafte Köstlichkeit und Heilpflanze eingesetzt. Schlaue Winzer sollen ihren Wein mit Heidelbeersaft versetzt haben, damit er eine intensivere Farbe erhielt. Im 2. Weltkrieg wurde die Wirkung der Heidelbeere auf unsere Augen entdeckt. Kampfpiloten, die viel Heidelbeer-Marmelade aßen, konnten bei Dämmerungsflügen und bei Nebel besser sehen. Dieses Phänomen wurde später durch eine Studie belegt. Die positiven Eigenschaften der Heidelbeere wurden in einer Volksweisheit trefflich ausgedrückt: *»In der Heidelbeerernte kann der Arzt auf Urlaub gehen«*. Die Heidelbeere gilt daher als Königin der antioxidativen Früchte, die freie Radikale absorbieren und damit das Krebsrisiko mindern kann. Weiter soll der tägliche Verzehr von Heidelbeeren die Insulinsensibilität verbessern und vor Arteriosklerose schützen. Die Anthocyane (besonders hoch in der Wildheidelbeere) verhindern gefährliche Ablagerungen in den Arterien. Diese können auf Dauer zur Gefäßverengung und letztendlich zu Herzinfarkt,

Kulturheidelbeeren haben größere Früchte und helles Fruchtfleisch.

Thrombosen und Schlaganfällen führen. Heidelbeeren schmecken am besten frisch geerntet. Wie viele Beeren neigen sie leicht zum Schimmeln. Verwerten können wir Heidelbeeren in Kuchen, Marmelade, Quark, Eis, Smoothie, Lassi, Saft oder Likör. Die jungen Blätter sind außerdem oft Bestandteil von Teemischungen.

Pfannkuchen mit Heidelbeeren

Pfannkuchenteig mit 4 Eiern, etwas Salz, 0,5 L Milch, 320 g Dinkelmehl anrühren und in Öl ausbacken. Entweder die Heidelbeeren in den Teig einmischen oder die Beeren in den fertig gebackenen Pfannkuchen mit etwas Quark einrollen. Verfeinern kann man sie mit flüssigem Honig, Puderzucker oder Zimt. Super lecker!

ALTES HAUSMITTEL BEI DURCHFALL

Getrocknete Heidelbeeren sind ein altes Hausmittel bei Durchfall, denn die Blätter und Früchte enthalten Gerbstoffe mit adstringierendem Effekt. Die wirksamen Inhaltsstoffe befinden sich in den Blättern ebenso wie in den Früchten. Heidelbeeren können möglicherweise den Blutzucker senken. Wer aber unter Diabetes leidet und Heidelbeere zu sich nehmen möchte, sollte dies vorher mit dem Arzt abklären.

Himbeere

Rubus idaeus · Rosengewächse · Mai–Juli · H 1–2 m

MERKMALE: Die Ruten der Himbeeren sind mit feinen Stacheln besetzt. Die Blattunterseite ist weißfilzig, die Blattoberseite dunkelgrün. An den Trieben sitzen wechselständig 3–7-zählige, gezähnte und gefiederte Blätter. Doldenförmige Blütenstände mit weißen Blüten. Im Gegensatz zur Brombeere, ist die reife, rote Frucht nur lose an den Blütenboden gebunden, kann leicht abgezogen werden und ist innen hohl. Früchte der Wildform sind nur 0,5–1 cm groß.
VORKOMMEN: Waldränder, Gebüsche, Lichtungen, Schutthalden.
VERWECHSLUNG: Brombeere *(Rubus frutocosus)*, mit schwarzen Früchten. Steinbeere *(Rubus saxatilis)*, mit hellroter Sammelsteinfrucht aus nur 2–6 Früchten.

DIE POWERBEERE

Himbeeren werden, wie viele andere Beeren, schon seit der Steinzeit genutzt. Als Heilpflanze ist diese Beere seit dem Altertum bekannt. In den Klöstern des Mittelalters begann die nachweisliche Kultivierung der Himbeere und man kannte schon um 1600 rote und gelbe Arten. Hildegard von Bingen schätzte die Himbeere sehr, besonders als Heilmittel bei Fieber. Sie empfahl: *»Wer Fieber hat und appetitlos ist, koche Himbeeren in wenig Wasser, lasse sie darin liegen und trinke diesen Himbeersaft morgens und abends ...«*
Die Himbeere weist einen hohen Gehalt an Vitamin C, A, B, Biotin, Gerbstoffen und Mineralstoffen, wie Kalium, Phosphor, Kalzium, Magnesium und Eisen auf. Sie wirkt blutreinigend und blutbildend. Wer einen Garten besitzt und die Möglichkeit hat Himbeeren anzubauen, sollte das tun. Es gibt eine Sommer- und eine Herbstform. Man kann oft über viele Wochen immer wieder nachreifende Früchte ernten und dann ganz frisch verzehren. Frisch vom Strauch schmecken sie einfach am besten. Sie eignen sich wunderbar für einen Kuchen, Torten, Eis, Marmelade, Gelee, Wein, Sirup, Smoothie, Lassi oder auch als getrocknete Beeren im Müsli und zum Knabbern. Junge Blätter, bei denen die Stacheln noch weich sind, können als Beigabe für Salate, Blattgemüse, Spinat oder für einen Tee verwendet werden.

Die beliebten Kulturhimbeeren haben größere Früchte und reifen über lange Zeit.

Mascarpone-Himbeer-Quark

500 g Quark, 2 Becher Joghurt und 250 g Mascarpone mit ca. 200 g Zucker verrühren. Steif geschlagene Sahne unterheben. Abwechselnd frische oder gefrorene Himbeeren unter die Quarkmasse schichten. Verfeinern mit Zimt, Vanille oder Schokolade. Mindestens 3 Stunden im Kühlschrank durchziehen lassen.

BEI ENTZÜNDUNGEN ALLER ART

In der Volksheilkunde werden die Blätter, aufgrund der vorhandenen Gerbstoffe, bei leichten Durchfallerkrankungen verwendet. Außerdem kann ein Aufguss aus den Blättern zum Gurgeln bei Entzündungen im Mund- und Rachenraum oder auch zum Auftragen bei chronischen Hauterkrankungen eingesetzt werden. Die Himbeere wirkt außerdem harn- und schweißtreibend, blutreinigend, entzündungshemmend, beruhigend, adstringierend und fiebersenkend.

Roter Holunder

Sambucus racemosa · Holundergewächse · April–Juni · H 2–3 m

MERKMALE: Strauch. Die Blätter sind 10–25 cm lang, im Austrieb rötlich, gegenständig und mit 5 am Rand stark gesägten Fiederblättchen unpaarig gefiedert. Blattoberseite ist dunkelgrün, Blattunterseite leicht bläulich und weniger behaart. Mit dem Blattaustrieb erscheinen die grüngelben, aromatisch duftenden Blüten. Ab Juli finden wir die scharlachroten Beeren. Die Steinfrucht enthält 3–5 Samen. Die Rinde ist mit Korkwarzen übersät und rötlich bis grau glänzend.

VORKOMMEN: Schattige Standorte, lichte Wälder und Waldränder, Steinschutthalden, Hecken und Gebüsche.

VERWECHSLUNG: Schwarzer Holunder *(Sambucus nigra)*, der allerdings schwarze Beeren und andere Blätter hat.

GIFTIGE ROHE BEEREN

Holunder spielt in der Mythologie eine bedeutende Rolle. Sicherlich war in den meisten Erzählungen oder Mythen der häufigere Schwarze Holunder gemeint.
In Mitteleuropa sind in der Gattung *Sambucus* hauptsächlich der Schwarze Holunder *(Sambucus nigra)*, Zwerg-Holunder *(Sambucus ebulus)* und der Rote Holunder *(Sambucus racemosa)* zu finden. Der Rote Holunder ist bereits beim Austrieb ganz leicht vom Schwarzen Holunder zu unterscheiden und hat bronzene Blätter, die im Spätsommer und Herbst langsam immer cremefarbener werden. Die Fruchtstände sind auffällig rot und stehen aufrecht, während diese beim Schwarzen Holunder aufgrund ihres Eigengewichts in der Regel nach unten hängen. Viele heimische Vögel, wie z. B. Amseln und Drosseln, ernten die saftigen Beeren regelmäßig von den Sträuchern und nutzen den Strauch auch als Nistplatz.
Genau wie beim Schwarzen Holunder sind auch die rohen Früchte des Roten Holunders aufgrund des vorhandenen Giftstoffs Sambunigrin giftig. Nach dem Erhitzen zerfällt dieser und die Beeren lassen sich dann genauso verwerten. Wer ganz sicher gehen möchte, sollte die Steinkerne entfernen, weil einigen Berichten zufolge das Gift der Samen durch das Kochen nicht vollkommen unschädlich gemacht wird. Eine Alternative dazu ist das Öl abzuziehen, das sich beim Kochen an der Oberfläche absetzt – es kann einen Brechreiz auslösen. Beim Sammeln muss man etwas mehr Zeit aufwenden, weil die Beeren kleiner sind. Ich mache aus den Beeren gerne Marmeladen oder ein Gelee.

Die Blüten erscheinen mit dem Blattaustrieb und verströmen einen aromatischen Duft.

ALTES ABFÜHRMITTEL

Die Beeren des Roten Holunders führen zu Brechdurchfall und wurden deshalb früher in der Volksheilkunde auch als Brech- und Abführmittel eingesetzt. Alle anderen Anwendungen in der Volksheilkunde beziehen sich auf den Schwarzen Holunder.

Holunderbeerensuppe

Etwa 750 g reife Holunderbeeren waschen und von den Stielen befreien.
3 Birnen schälen und in Spalten schneiden, ca. 10 Mirabellen entkernen und dazugeben. 1 L Wasser zum Kochen bringen und das Ganze mit ca. 100 g Rohrzucker, 1 Prise Salz und etwas gemahlenem Zimt bei niedriger Temperatur ca. 15 Minuten köcheln lassen. 5 EL Traubensaft mit geröstetem Dinkelmehl anrühren und damit die Suppe binden.

Schwarzer Holunder

Sambucus nigra · Holundergewächse · Mai–Juni · H 3–7 m

MERKMALE: Strauch oder Baum. Die Blätter sind gegenständig angeordnet, haben einen gezähnten Rand und einen sehr markanten Geruch beim Zerreiben. Überhängende, weiße, schirmförmige Blütenstände. Ältere Äste haben eine graue, netzartig gemusterte Rinde. Jüngere Äste sind silbrig und glatt. Holunderbeeren reifen ab August an rötlichen Stielen und bilden hängende Beerendolden. Beeren saftreich, kugelig, violett-schwarz und etwa erbsengroß.

VORKOMMEN: Waldränder, Hecken, Gärten.

VERWECHSLUNG: Zwerg-Holunder *(Sambucus ebulus)*, giftigen Beeren, Fruchtdolden aufwärts gerichtet (siehe Seite 168).

HOLUNDER UND FRAU HOLLE

Seit alters her ist Holunder Frau Holle der Erdgöttin geweiht. Unsere Vorfahren pflanzten Holunder an, um negative Einflüsse auf Haus, Hof und Stall von außen fernzuhalten. Zudem glaubten sie, Holunder könne durch Opfergaben, welche unter den Busch gestellt wurden, Krankheiten von ihnen nehmen.

HOLUNDERBLÜTEN UND BEEREN BEI ERKÄLTUNGEN

Mit den ganz markant duftenden Holunderblüten lassen sich leckere Speisen, Sirup, Desserts, Essig oder eine Bowle ansetzten. Außerdem schmecken sie lecker in Teig ausgebacken. Die Vitamin-C-reichen Beeren sind bestens für Gelees, Likör oder einen tollen Erkältungssaft geeignet. Das Sammeln der Beeren ist nicht immer ganz einfach. Meist hängen die schönsten Trauben für uns unerreichbar hoch oder an den Dolden sind grüne und schwarze Beeren gemischt. Grüne Beeren müssen aussortiert werden, verwenden kann man nur die reifen, schwarzen Beeren. Wer die Möglichkeit hat einen Holunder zu pflanzen, kann diesen Themen aus dem Weg gehen – mittlerweile gibt es Zuchtformen (z. B. Haschberg, Sampo), die große Blütendolden haben und viele große Beeren, die fast gleichzeitig reifen.

Man findet nur selten Trauben, an denen die Früchte gleichzeitig reifen.

Holunderblütengelee

Etwa 50 Holunderblütendolden mit 1 L naturtrübem Apfelsaft übergießen und ca. 24 Stunden ziehen lassen. Nun den Ansatz durch ein Geschirrtuch seihen und dieses ganz kräftig auswinden. Den Saft nun zusammen mit der entsprechenden Menge Gelierzucker zum Kochen bringen und in vorgewärmte Gläser füllen. Die Gläser fest verschließen und mit dem Deckeln nach unten abkühlen lassen. Schmeckt sehr lecker auf Butterbrot!

STÄRKT DIE ABWEHRKRÄFTE

Als Heilpflanze ist Schwarzer Holunder schon sehr lange bekannt.
Holunderblüten und -beeren sind ein traditionelles Mittel gegen Fieber und Erkältungskrankheiten. Ein Tee oder Aufguss dient dazu, den Infekt auszuschwitzen. Auch festsitzender Schleim soll durch Schwarzen Holunder gelöst werden. Zur Steigerung der Abwehrkräfte ist der sehr Vitamin-C-reiche Holunderbeerensaft bestens geeignet. Damit das wertvolle Vitamin C nicht beim Kochen zerstört wird, sollte der Saft nur erwärmt werden.

Alpen-Johannisbeere

Ribes alpinum · Stachelbeergewächse · April–Mai · H 1–2,50 m

MERKMALE: Sommergrüner und dicht verzweigter Strauch. Dreieckige bis rundliche, gestielte Laubblätter, die am Rand grob gezähnt sind und in dichten Büscheln an kurzen Trieben wachsen. Blattstiele sind mit langen Drüsenhaaren bewimpert. Die grüngelben, unscheinbaren Blütentrauben verströmen einen weihrauchähnlichen Duft. Hellgraue Zweige weisen, im Gegensatz zu anderen *Ribes*-Arten, keine Stacheln oder Dornen auf. Die Beerenfrüchte reifen ab August. Diese sind rund, scharlachrot und schmecken etwas säuerlich.

VORKOMMEN: Kalkliebende Halbschattenpflanze, krautreiche und kühlfeuchte Berg- und Schluchtwälder.

VERWECHSLUNG: Andere *Ribes*-Arten bzw. giftige Alpenheckenkirsche (*Lonicera alpigena*).

JOHANNISBEEREN OHNE STACHELN UND DORNEN

Wenn Sie den Namen Alpen-Johannisbeere hören, können Sie leicht in den Glauben verfallen, dass diese *Ribes*-Art nur in den Alpen vorkommen würde. Dem ist nicht so. Wir finden die Alpen-Johannisbeere von Natur aus in fast ganz Europa, oft als Unterwuchs in unseren Wäldern. Im März und April können wir die grünlich-gelben Blütentrauben finden. Die männlichen Blüten sind vielblütig, die weiblichen Blüten eher wenigblütig, aus denen sich aber dann die roten Früchte entwickeln. Längst hat dieser Strauch aber auch unsere Gärten, Parks und Straßenränder besiedelt.

Sie können oftmals an Straßenrändern buschige Sträucher, die an Johannisbeersträucher aus dem heimischen Obstgarten erinnern, sehen. Gepflanzt wurde aber die Alpen-Johannisbeere wegen ihrer hohen Verträglichkeit gegenüber Autoabgasen und Salz und auch ihrer Pflegeleichtigkeit. Weiter wird sie als Hecke gepflanzt, um Grundstücke vom Straßenlärm und vor Abgasen abzuschirmen. Mittlerweile gibt es viele verschiedene Zuchtformen für unsere Gärten. Ein besonderes Merkmal sind die fehlenden Dornen und Stacheln.

Die Blätter an den stachellosen Zweigen sind rundlich bis dreieckig.

Die Wildform hat einen weniger intensiven Geschmack. Die jungen Blätter, die Blütenknospen und auch Blüten kann man als Beigabe zu Salaten, Suppen, Pfannkuchen oder Teigfüllungen verwenden. Die roten und reifen Beeren lassen sich, auch in Kombination mit anderen Beeren, zu Marmelade, Gelee, Kompott oder Getränken verarbeiten. Getrocknete Beeren schmecken auch wunderbar im Müsli.

WENIG GESCHMACK, ABER GESUND

Auch wenn diese Sorte deutlich weniger schmackhaft ist als andere Johannisbeerarten, weist sie ebenfalls einen hohen Vitamin-C-Gehalt auf und kann bei Erkältungskrankheiten unterstützend wirken.

Essig aus Johannisbeeren

Erwärmen Sie 600 ml Balsamico mit 300 g Zucker, bis sich dieser vollständig aufgelöst hat. Etwa 500 g Alpen-Johannisbeeren, oder mit Roter Johannisbeere gemischt, und 1 Vanilleschote dazugeben. Das Ganze etwa 20 Minuten köcheln lassen. Nicht vergessen immer wieder mal umzurühren, dann geben die Beeren ihren Saft und die schöne rote Farbe besser an den Essig ab. Nach dem Abfiltern den heißen Essig in vorgewärmte Flaschen füllen.

Ess-Kastanie, Edel-Kastanie

Castanea sativa · Buchengewächse · Mai–Juni · H 20–35 m

MERKMALE: Baum mit wechselständigen, lederartigen, bis zu 25 cm großen, lanzettlich und grob gezähnten Blättern. Dunkelbraune, rötliche und eiförmige Knospen. Männliche Blütenstände in herunterhängenden gelblichen, bis 30 cm langen Kätzchen. Die Rinde bei jungen Bäumen ist rötlich-braun und glatt, im Alter zunehmend graubraun, längsrissig und tief gefurcht. Die Kapselfrüchte sind von einer braunen, glatten Haut umgeben und liegen zu zweit oder zu dritt in einer stacheligen Fruchthülle. Früchte nach oben hin zugespitzt; Spitze mit feinem Haar besetzt.
VORKOMMEN: Sehr wärmeliebend, Gärten, Parks, Wälder.

VERWECHSLUNG: Gewöhnliche Rosskastanie *(Aesculus hippocastanum).*

2–3 cm große Frucht mit brauner, glatter Haut

Blätter bis 25 cm lang, grob gezähnt, wechselständig angeordnet

DAS »BROT DER ARMEN«

Bereits im antiken Griechenland war die Ess-Kastanie als »Eichel des Zeus« bekannt. Die ursprünglich aus Kleinasien bzw. dem Kaukasus stammende Ess-Kastanie verbreitete sich im Zuge der römischen Eroberungen in ganz Europa und wurde in wärmebegünstigten Lagen entlang des Rheins, der Nahe, der Mosel und der Saar angepflanzt. Über Jahrhunderte war die Ess-Kastanie in ihren Anbaugebieten vielfach als »Brot der Armen« ein sehr wichtiges und geschätztes Grundnahrungsmittel. Heute finden wir auch in Deutschland prächtige Bäume bzw. auch ganze Ess-Kastanienwälder in der Pfalz.

BELIEBT ZUR WEIHNACHTSZEIT

Auf den Weihnachtsmärkten gibt es oft heiße Maronen. Ess-Kastanien und Maronen gehören beide zur Familie der Kastanien, sind aber unterschiedliche Kastanienarten. Die Maroni ist eine spezielle Weiterzüchtung der Ess-Kastanie mit etwas größeren und runden Früchten. Diese lassen sich leichter schälen und länger lagern. Wir können sie vielfach in Cremes, Pudding, Schokoaufstrichen, als Zutat in herzhaften Gemüse-, Fleisch- oder Pilzgerichten und in Suppen verwenden. Geröstete

Eine stachelige Schutzhülle umschließt 2–3 Früchte.

und gemahlene Früchte können als Kaffee-Ersatz dienen. Aus Ess-Kastanien kann man Kastanienmehl zum Backen und Andicken von Soßen herstellen. Im Frühjahr schmecken die Blüten lecker als Sirup oder Gelee verarbeitet.

GUT FÜRS GEMÜT

Hildegard von Bingen empfiehlt den Verzehr von Kastanien, nach bestimmter Zubereitung, gegen folgende Beschwerden: Kopfschmerzen, Herzschmerz und Traurigkeit, Leberschmerzen, Milzschmerzen und Magenschmerzen.
In der Volksheilkunde galten die Blätter als schleimlösend und Hustenreiz stillend, die Früchte sollten bei Durchfall helfen. Die Bachblüte 'Sweet Chestnut' wird in Situationen der Ausweglosigkeit eingesetzt, in denen man nicht mehr weiß, was man noch tun soll.

Kastanienmehl selbst herstellen

Frische Maronen schälen und in etwa mandelgroße Stücke schneiden. Diese dann im Backofen oder Dörrgerät bei etwa 42 °C trocknen und anschließend in einer Nussmühle zu feinem Mehl vermahlen. Kastanienmehl mit anderen Mehlsorten im Verhältnis 1:4 mischen.

Wald-Kiefer, Föhre

Pinus sylvestris · Kieferngewächse · April–Juni · H 20–30 m

MERKMALE: Nadelbaum. Nadeln 4–8 cm lang, paarweise und spiralig an den Zweigen angeordnet. Die kurz gestielten Zapfen sind dunkelbraun, etwa 8 cm lang und 3–4 cm breit. Sie benötigen 2 Jahre bis zur Reife. Männliche gelbe Blüten befinden sich als ährenartige Stände an den jungen Trieben, weibliche Blüten sind zunächst rosa, später grün. Rinde bei älteren Bäumen mit braunroten, tiefrissigen und groben Schuppen.

VORKOMMEN: Wälder, Besiedelung von Freiflächen, Extremstandorte und Trockenrasen.

VERWECHSLUNG: Schwarz-Kiefer *(Pinus nigra)*, Berg-Kiefer *(Pinus mugo)* und Zirbel-Kiefer *(Pinus cembra)*. Diese Arten sind ähnlich verwendbar.

BERNSTEIN – FOSSILES FÖHRENHARZ

Nach der Eiszeit war die Kiefer einer der ersten Bäume, die in Mitteleuropa heimisch wurde. Bei den Germanen galt die Kiefer als Baum der Ausdauer und Überlebenskraft und die Kelten verehrten die Kiefer als Baum der schöpferischen Arbeit und der Fruchtbarkeit.
Bernstein, das »Gold des Nordens« mit den beeindruckenden Einschlüssen von Insekten und Pflanzenresten, ist erhärtetes Föhrenharz. Dieses ist vor rund 50 Millionen Jahren aus den Bäumen ausgelaufen und wurde schon in der Steinzeit gesammelt. Kiefern können bis zu 600 Jahre alt werden.
Kiefern haben einen sehr hohen Lichtbedarf und einen geringen Nährstoffanspruch. Die Stärke dieser Baumart liegt daher in der Besiedelung von Freiflächen und Extremstandorten, wie Sanddünen und Katastrophenflächen, z. B. nach Waldbränden. Sehr gut an Trockenstress angepasst sind die Nadeln der Kiefer. Sie sind in der Lage, Wasser direkt aus der Luft aufnehmen (z. B. Tau) und sorgen so für zusätzliche Wasserzufuhr.

Frühjahrs-Nadellikör

Eine 1 L-Flasche etwa zur Hälfte mit jungen, zarten Nadelspitzen von Kiefer und Fichte füllen. Je nach gewünschter Süße ca. 200 g Kandiszucker und eine Vanilleschote dazugeben und mit Wodka auffüllen. Etwa 6 Wochen ziehen lassen und dann filtern. Schmeckt wunderbar! Tipp: Auch mal einige Blätter Zitronenverbene oder Minzeblätter dazugeben.

Männliche Blüte mit gelbem Blütenstaub sitzt auf spiralförmig angeordneten Nadeln.

VERWENDUNG IN DER KÜCHE

Kulinarisch können wir die Nadeln von der Wald- und Schwarz-Kiefer verwenden. Sei es zum Spicken von Fleisch oder gemahlen als Gewürzpulver. Die Samen geröstet in Bratlingen und die jungen, männlichen Blütenknospen ausgekocht und, mit Zucker versetzt, zu einem Sirup eingedickt. Junge Nadeln und junge Zapfen ergeben einen leckeren Likör.

HEILKRÄFTIGES ÄTHERISCHES ÖL

Die Kiefer enthält ein heilkräftiges Öl. Vor allem bei Entzündungen der Atemwege, bei rheumatischen Beschwerden, Muskel- oder Nervenschmerzen und Erschöpfungszuständen kann man die sekretlösenden und schwach keimreduzierenden Eigenschaften nutzen. Darüber hinaus wurden die jungen Triebe der Kiefer in früheren Zeiten auch zur Blutreinigung verwendet.

Trauben-Kirsche

Prunus padus · Rosengewächse · April–Juni · H 7–15 m

MERKMALE: Baum oder Strauch. Die leicht behaarten Blätter sind 6–14 cm lang und der Blattrand ist fein gesägt. Blattunterseite ist graugrün, die Blattoberseite hat eine matte dunkelgrüne Farbe. Mit dem Blattaustrieb erscheinen die kleinen weißen Blüten in großen Trauben und fallen mit ihrem angenehmen Duft auf. Die glatte und dunkelgraue Rinde verströmt bei Verletzung einen unangenehmen scharfen Geruch. Im Herbst reifen die kleinen, in Trauben stehenden, schwarzen Früchte. Die runden, etwa erbsengroßen Steinfrüchte sind zunächst rot und werden dann glänzend schwarz.

VORKOMMEN: Auwälder, Gärten, Parks.

VERWECHSLUNG: Spätblühende Trauben-Kirsche (*Prunus serotina*), wächst als Strauch.

FULMINANTE BLÜTE DER TRAUBEN-KIRSCHE

Die Trauben-Kirsche ist eine sehenswerte Bereicherung für Gärten, Parks und ihre natürlichen Standorte. Zur Blütezeit startet sie mit einer wunderschönen weißen Blüte, die einen betörenden Duft verbreitet. Zu dieser Zeit erfreut sie nicht nur uns Menschen, sondern dient auch Bienen und Schmetterlingen als Nahrungsquelle. Ab August erscheinen die kleinen schwarzen Früchte in Trauben, die einen herrlichen Kontrast zum goldgelben Herbstlaub bilden. In Deutschland ist der Verbreitungsschwerpunkt in Niedersachsen zu finden. Die Blätter dienen mehreren Schmetterlingen aus der Familie der Eulenfalter und Spanner als Raupenfutter. Die schwarzen Früchte stehen zur Erntezeit Vögeln als willkommenes Futter bereit. Über ihre Ausscheidungen tragen sie somit zur natürlichen Verbreitung bei. Die Trauben-Kirsche kommt entweder als hoher Baum mit überhängenden Zweigen und duftenden Blüten oder als Strauch mit einer Höhe von bis zu 3 m vor.

Kandierte Blüten der Trauben-Kirsche

Sirup mit 80 ml Wasser und 100 g Zucker herstellen. Nach dem Säubern, einzelne Blüten oder auch die ganze Blütentraube im Sirup »baden«. Die Blüten auf Backpapier einige Tage vollkommen trocknen lassen. Die kandierten Blüten können in luftdichten Gefäßen aufbewahrt werden. Man kann die Blüten auch vorsichtig mit Eiweiß bestreichen und anschließend mit Zucker oder auch Kakaopulver bestreuen.

Die erbsengroßen Früchte sind zur Reife glänzend schwarz.

BLÜTEN, BLÄTTER UND DIE FRÜCHTE

Zur Blütezeit kann man die ganze Traube ernten und dann die Einzelblüten weiter nutzen. Diese dienen zum Aromatisieren oder kandiert, zum Verfeinern von Speisen. Junge Blätter und Blüten können auch als Tee aufgegossen werden. Die Früchte schmecken roh etwas bitter. Man kann diese zu Mus, Kompott, Marmelade, Gelee, Wein oder Essig verarbeiten. Wissen sollte man, dass in der Rinde und den Samen Blausäureglykoside vorhanden sind.

FÜR KOPF UND HERZ

Aus der Homöopathie sind Anwendungen zur Behandlung von Kopfschmerzen und Herzbeschwerden bekannt. Früher wurde die Rinde der Trauben-Kirsche abgekocht. Sie wurde als hustenstillendes Mittel und bei Durchfall genutzt.

Vogel-Kirsche

Prunus avium · Rosengewächse · April–Mai · H 15–30 m

MERKMALE: Sommergrüner Baum. Die Blätter sind wechselständig an den Zweigen angeordnet. Kahle Blattoberseite, Blattunterseite ist nur auf den Blattnerven leicht behaart. Der Blattrand ist unregelmäßig und grob doppelt gesägt mit drüsigen Spitzen. Weiße Blüten mit 5 Blütenblättern, die schwach nach Honig duften. Markante Ringelborke, mit langen waagrechten Korkwarzenbändern um den Stamm. Runde Kirschen, die zunächst rot dann schwarz werden.
VORKOMMEN: Solitärbaum, in Hecken, Laub- und Nadelmischwäldern.
VERWECHSLUNG: Süß-Kirsche, die ebenfalls *Prunus avium* heißt; diese hat größere Früchte und je nach Sorte süßere Früchte.

MUTTER ALLER SÜSS-KIRSCHEN

Die Vogel-Kirsche *Prunus avium* gilt als Urform unserer heutigen Süß-Kirsche. Nachweislich kultivierten die Griechen bereits im 4. Jahrhundert v. Chr. verschiedene Sorten der Süß-Kirsche. Der wissenschaftliche Artname *»Prunus avium«* geht auf die Vorliebe der Vögel (lat.: Avis) für die kleinen Früchte zurück, weswegen sie hierzulande meist Vogel-Kirsche genannt wird.

Die Früchte der Vogel-Kirsche sind kleiner als die der Süß-Kirschen.

WAS MACHT DEN UNTERSCHIED?

Wilde Vogel-Kirschen lassen sich in der Natur nicht immer so ohne Weiteres von Süß-Kirschen unterscheiden. Die Früchte der Wildform sind deutlich kleiner und die Baumkrone ist schlanker. Oft können Sie bei Kulturkirschen am Stamm, wo der Baum gepfropft wurde, eine knollenartige Verdickung erkennen. Die Kirschblüte im Frühjahr ist etwas ganz besonderes. Die strahlend weiß blühenden Bäume locken viele Bienen, Hummeln und andere Insekten an und sind in dieser Zeit eine sehr wichtige Nektarquelle.

Am besten schmecken die Früchte direkt vom Baum genascht. Die Kirschen können Sie für Fruchtsäfte, für einen Kuchen- und Tortenbelag oder zur Likörherstellung nutzen.

KIRSCHKERNKISSEN GEGEN RÜCKENSCHMERZEN

In der Naturheilkunde haben die Fruchtstiele, der Saft, die Früchte und, nicht zu vergessen, die Kerne eine Bedeutung. Die Fruchtstiele sind harntreibend und sollen Ablagerungen aus den Gelenken schwemmen. Das bekannte Kirschkernkissen speichert Wärme und kann bei Bauch- oder Rückenschmerzen, Verspannungen und Muskelkater oder einfach als Alternative zu einer Wärmflasche verwendet werden.

Wildfruchtkonfitüre mit Vogelkirschen

500 g Vogelkirschen und 500 g anderer Beeren wie Himbeeren, Preiselbeeren oder auch Kornelkirschen, waschen und entkernen. Zusammen mit 1 kg Gelierzucker 1 : 1 und 2 Päckchen Vanillezucker vermischen und abgedeckt 3–4 Stunden ziehen lassen. Die Masse 4 Minuten unter ständigem Rühren sprudelnd köcheln lassen. Anschließend das Ganze heiß in vorgewärmte Gläser füllen und sofort verschließen. Gut abkühlen lassen!

Kirschpflaume

Prunus cerasifera · Rosengewächse · März–April · H 5–7 m

MERKMALE: Meist mehrstämmiger Baum oder Strauch. Die gestielten Blätter sind länglich verkehrt eiförmig, fein gekerbt, kahl, etwa 3–7 cm lang und 2–3,5 cm breit. Vor dem Laubaustrieb erscheinen die weißen, innen schwach rosa und stark duftenden Blüten. Die Rinde ist unregelmäßig flach längsrissig, schwarzgrau und die jungen Zweige sind grün und auf der Sonnenseite rötlich, kahl, später graubraun mit sehr kleinen Korkwarzen. Essbare, mirabellenartige Steinfrüchte in verschiedenen Gelb, Blau- und Rottönen.
VORKOMMEN: Parks, Gärten, Heckenlandschaften.
VERWECHSLUNG: Mirabelle (*Prunus domestica* ssp. *syriaca*) und andere Arten aus der Gattung *Prunus*.

DIE AHNIN UNSERER PFLAUMEN

Die Wildart von *Prunus cerasifera* stammt ursprünglich aus Vorderasien. Sie gelangte durch die Araber nach Europa und durch die Römer nach Deutschland. In Europa wird der Baum seit etwa 400 Jahren kultiviert. Die Kirschpflaume ist als kleinkroniger Baum oder Strauch in Parks, Gärten und auch verwildert in der Natur, meist in Hecken oder an Böschungen, zu finden. Besonders die rotblättrigen Zuchtformen werden sehr häufig in Gärten und Parks angepflanzt. Als Standort bevorzugt sie einen durchlässigen Boden in sonniger Lage. Manchmal wird die Kirschpflaume auch Wildpflaume, Myrobalane oder Türkische Kirsche genannt. Sie gilt als Ahnin der Pflaumen in Europa.

Form und Saftigkeit der Frucht erinnern an Kirschen, der Kern dagegen ähnelt der Pflaume.

FARBE SEHR VARIANTENREICH

Die sehr saftigen Früchte der Kirschpflaume reifen ab Juli und haben einen Durchmesser von etwa 2–3 cm.
Sie schmecken ähnlich wie Mirabellen, die ebenfalls säuerliche, sehr saftig schmeckende Früchte mit einem süßlich würzigen Nachgeschmack haben. Die Farbe ist sehr variantenreich und standortabhängig. Außer zum Naschen eignen sie sich gut zum Verarbeiten zu Marmelade, Kompott, Desserts, Sorbet oder auch als Getränk.
In türkischen Obst- und Gemüsemärkten werden die unreifen Früchte als Can-Erik zum Frischverzehr verkauft. Die Blüten können kandiert oder zu Gelee, Sirup und Desserts verarbeitet werden.

DIE GELASSENHEITSBLÜTE

Kirschpflaumen haben reichlich Vitamine, Spurenelemente und, besonders in den roten und blauen Sorten, antioxidativ wirkende Farbstoffe.
In der Homöopathie ist die Bachblüte 'Cherry Plum' die Blüte für mehr Gelassenheit bei Ängsten bzw. wenn man glaubt, die Kontrolle über sich zu verlieren.

Kirschpflaumencreme

Etwa 30 Kirschpflaumen in einen Topf geben, bei niedriger Hitze ca. 5 Minuten köcheln lassen und dann den Topf vom Herd nehmen. Nach dem Auskühlen der Früchte alle Kerne herausnehmen und anschließend pürieren (Flotte Lotte). Das Mus für 1/2 Stunde in den Kühlschrank stellen. In einer Schüssel 150 g Joghurt, 1 EL Zucker mischen und 100 g Sahne steif schlagen. Nun das kalte Fruchtmus zum Joghurt geben unterrühren und Sahne vorsichtig unterheben.

Kornelkirsche

Cornus mas · Hartriegelgewächse · März–April · H 5–8 m

MERKMALE: Strauch oder Baum. Die ganzrandigen, oft welligen, eiförmigen Blätter sitzen gegenständig, die Oberseite ist glänzend grün, die Unterseite meist etwas heller. An den jungen Trieben sind anfangs grüne Härchen, später kahl, vor dem Laubaustrieb kommen die goldgelben Blütendolden, die schwach nach Honig duften. Dunkelrote, eiförmige, ca. 2 cm lange Früchte von August–Oktober.
VORKOMMEN: Eher trockene, sonnige, kalkreiche Hänge, lichte Wälder, Waldränder und Hecken.
VERWECHSLUNG: Roter Hartriegel *(Cornus sanguinea)*, ähnliche Blätter. Sobald Früchte zu sehen sind, keine Verwechslung.

SEHR HARTES HOLZ

Nach der Eiszeit wanderte der ursprünglich im Kaukasus beheimatete Strauch nach Mitteleuropa. Bereits im antiken Griechenland hatte die Kornelkirsche eine große Bedeutung, da aus ihrem Holz Speere für die Jagd und den Kampf gebaut wurden. Heute kommt die Kornelkirsche in der Natur nur noch sehr selten vor. Bekannt sind heute noch höhere Vorkommen im südlichen Harz, in der Eifel und am Niederrhein, in der Saar-Mosel-Region sowie an Main, Donau und Saale.

DER RICHTIGE ERNTEZEITPUNKT

Am leichtesten lassen sich die dunkelroten Früchte ernten in dem man ein Netz oder eine Folie unter dem Baum legt und dann die Früchte abschüttelt oder leicht abklopft. Dies muss man einige Male wiederholen, da die Früchte unterschiedlich reifen.
Man kann natürlich die reifen und süßen Früchte auch direkt vom Baum naschen. Die Ernte kann man zu Kompott, Fruchtsäften, Marmelade, Smoothies oder Lassi verarbeiten. Die Früchte lassen sich gut einfrieren, trocknen, entsaften, einkochen oder zu Wein und Likör verarbeiten. Die gelben Blüten können zum Aromatisieren von Speisen und die jungen Blätter in Teemischungen genutzt werden.

Kornelkirschen müssen richtig reif sein, denn unreife Früchte sind sehr sauer.

Kornelkirschen Kuchen

250 g Butter, 200 g Zucker und eine Prise Salz schaumig schlagen. Nun 6 Eier mit 1 Päckchen Backpulver, 3 EL Kakao und 400 g Mehl, etwas Vanille und 5 EL Milch zu einem geschmeidigen Teig vermengen. Den Teig in die Kuchenform füllen und mit den reifen Kornelkirschen im vorgeheizten Ofen 45–50 Minuten backen. Die Kornelkirschen können natürlich auch mit anderen Beeren vermischt werden.

ANWENDUNG NACH HILDEGARD VON BINGEN

Als Heilpflanze ist die Kornelkirsche weniger bekannt. In dem Werk »Physica« von Hildegard von Bingen, ist über die Kornelkirsche zu lesen: »*Die Kornelkirsche ist warm und ihre Wärme ist mild und sie hat Süße und Feuchtigkeit in ihr. Nimm daher von ihrer Rinde, dem Holz und den Blättern und koche sie in Wasser und mache daraus ein Bad. Und wer an Gicht leidet, sei es ein Kind, ein junger Mensch oder ein alter, der bade darin*«. Kornelkirschen haben viel Vitamin C und sind deshalb zur Unterstützung des Immunsystems zu empfehlen.

Kratzbeere

Rubus caesius · Rosengewächse · Mai–Oktober · H 40–90 cm

MERKMALE: Die Blätter sind gestielt, wechselständig und 3-fach gefiedert. Alle Fiederblättchen am Ende sind spitz, stachelig-gezähnt und beidseitig spärlich behaart. Die gewöhnlich 5-zählige Blüte ist recht groß. Die weißen, etwa 1 cm langen, getrennten Blütenblätter zeigen nach außen und sind gezähnt. Blüten in traubenförmigen Gruppen. Schwarzblaue, mehlige, saftige, fad und sauer schmeckende Sammelsteinfrucht. Typischer Wachsüberzug der Früchte.

VORKOMMEN: Lehm- oder Tonböden, Auwälder, Fluss- und Bachufer, Hecken, Böschungen, ehemalige Schuttplätze und Äcker.

VERWECHSLUNG: Brombeere *(Rubus fruticosus)*, ohne Reifbelag.

Oft unerkannt wächst die Kratzbeere entlang von Wegrändern und Hecken.

DIE SCHWESTER DER BROMBEERE

Die Früchte der Kratzbeere sollen schon als vitaminreiche Nahrung in der Steinzeit genutzt worden sein, die Blätter als Heiltee. Andere Namen sind Bereifte Brombeere, Bockbeere, Kratzbeere oder Ackerbeere. Die Gattung *Rubus* umfasst mehrere tausend Arten, die über den ganzen Erdball verbreitet sind. Am besten bekannt sind Brombeeren und Himbeeren. Die Kratzbeere führt ein eher unscheinbares und »verborgenes« Leben.

DIE BEEREN MACHEN DEN UNTERSCHIED

Bevor die Beerensträucher noch keine Früchte tragen, lässt sich die Pflanze auf den ersten Blick kaum von einem Brombeerstrauch unterscheiden. Allerdings lassen die bereiften Beeren dann keinen Zweifel mehr aufkommen. Diese sind stark bläulich bereift und schmecken nicht ganz so geschmacksintensiv wie Brombeeren und leicht säuerlich. Oberirdische Triebe können schlaff, kletternd oder stachelig sein, die Wurzel wächst bis zu 2 m tief. Die kleine Schwester der Brombeere kann letztendlich genauso zu Marmeladen, Gelee, Fruchtmus, Smoothies usw. verarbeitet werden. Der Geschmack ist allerdings etwas fader und saurer als bei der Brombeere.

Kratzbeeren Eis

150 g frische Kratzbeeren waschen. Die Beeren und 20 g Puderzucker mit dem Mixstab pürieren. Das Beerenmus durch ein Sieb streichen. Ein Ei und weitere 20 g Puderzucker mit einem Quirl hellgelb und cremig aufschlagen. Nach und nach das Beerenmus und Joghurt unterrühren. Die Masse in die Eisförmchen füllen, die Förmchen verschließen und das Eis im Gefrierfach mindestens 6 Stunden gefrieren lassen. Man kann auch mit Brombeeren mischen.

KRATZBEERENTEE IN DER ERKÄLTUNGSZEIT

Sie soll antibakteriell sowie antiviral, zusammenziehend, blutreinigend sowie entzündungshemmend sein und eine immunstimulierende Wirkung haben. Weiter wird die Pflanze unter anderem bei Erkältungen und Entzündungen im Mund- und Rachenraum verwendet. Die Blätter der Kratzbeere werden vorwiegend als Tee verwendet. 2 Teelöffel Kratzbeerenblätter mit einer Tasse kochendem Wasser übergießen und 10 Minuten ziehen lassen. In kleinen Schlucken 2–3 Tassen täglich trinken.

Schwarze Krähenbeere

Empetrum nigrum · Heidekrautgewächse · April–Juni · H 20–50 cm

MERKMALE: Niederliegender, immergrüner, teppichbildender Zwergstrauch. Die nadelartig, rinnigen Blätter sind am Blattrand umgerollt und auf der Unterseite ist ein heller behaarter Streifen sichtbar. Die eingeschlechtige Blüte ist bei den männlichen blassrosafarben und bei den weiblichen Pflanzen purpurfarben. Bis Mitte Juli wachsen zahlreiche glänzende, schwarze, saftige, beerenartige und leicht säuerliche Steinfrüchte heran.
VORKOMMEN: Feuchte, nährstoffarme und saure Böden, Moore und Heiden.
VERWECHSLUNG: Heide-Wacholder *(Juniperus communis)*, Wuchs höher, längere Nadeln. Zwittrige Krähenbeere *(Empetrum hermaphroditum)*, in den Hochlagen der Alpen.

KRÄHENBEERE – DER KRÄHE WEGEN

Der Gattungsname *Empetrum* bedeutet »auf dem Fels wachsend«. In unserer Region ist es fast nicht möglich diese Beeren überhaupt zu sammeln, da die allermeisten Standorte unter Schutz stehen und ein Sammelverbot besteht.
Die Krähenbeere finden wir in Deutschland in geschützten Gebieten der Mittelgebirge Thüringer Wald, Rhön, Eifel, Harz und im Bayerischen Wald. Hier wächst sie in Heide- und Kiefernmooren. Aber auch an den Küsten von Nord- und Ostsee ist diese Beere zu finden. Wie der Name trefflich sagt, werden die schwarzen Beeren sehr gerne von der Krähe verspeist und über den Kot weiter verbreitet.

Krähenbeeren kommen in Deutschland meist nur in geschützten Moorgebieten vor.

NAHRUNG IN NORDISCHEN LÄNDERN

Die Früchte der Schwarzen Krähenbeere haben einen leicht säuerlichen und bitteren Geschmack und sollen geringe Mengen Andromedotoxin enthalten. Die schwarzen Beeren werden in den skandinavischen Ländern sowie in Sibirien wie Heidel- und Preiselbeeren in großen Mengen gesammelt und z. B. als Kompott verzehrt. Der Volksstamm der Sami friert die Beeren als Wintervorrat in Milch ein. Die Isländer bewahren sie in saurer Milch auf oder trinken den Fruchtsaft. In Lappland wird die Krähenbeere als Färbepflanze genutzt. Aus dem Reisig werden Bürsten und Besen gefertigt.
Neben der meist im Tiefland vorkommenden Schwarzen Krähenbeere (*Empetrum nigrum*), kommt in höheren Lagen der Alpen, Südschwarzwald und Bayerischer Wald noch die Zwittrige Krähenbeere (*Empetrum hermaphroditum*) vor.

IN MAGEREN ZEITEN

Die Krähenbeere wurde aufgrund der vorhandenen Gerbstoffe und ihrem hohen Vitamin-C-Gehalt in der Volksmedizin bei Durchfall und gegen Skorbut, einer Vitaminmangelerkrankung, angewandt.

Krähenbeeren Branntwein – Ein Rezept aus Skandinavien

Ein Glas- oder Tongefäß mit den Beeren füllen. Entsprechend der Menge, Wodka oder klaren Schnaps darübergießen und Honig nach Geschmack hinzugeben. Nun muss der Krähenbeerenschnaps lange ziehen, am besten 3–6 Monate. Danach den Ansatz durch ein Sieb geben – Skål!

Lärche

Larix decidua · Kieferngewächse · März–April · H 40–50 m

MERKMALE: Nadelbaum. Die hellgrünen Nadeln sind biegsam, abgeflacht, bis zu 3 cm lang, vorne abgestumpft und stehen zu je 20–40 Büscheln an den Kurztrieben. Die Unterseite ist gefurcht. Wunderschöne goldgelbe Herbstfärbung. Männliche Blüten schwefelgelb, weibliche Blüten rosa-purpurn. Bei den jungen Bäumen ist die Rinde grau und glatt, bei älteren Bäumen dunkel rotbraun und tiefrissig. Aufrecht stehende, eiförmige hellbraune Zapfen.
VORKOMMEN: Ursprünglich nur in den Alpen; Wälder und Parks.
VERWECHSLUNG: Japanischen Lärche *(Larix kaempferi)*, Nadeln bläulich grün. Hybrid-Lärche *(Larix eurolepis)*, bis zu 6 cm lange Zapfen und 5 cm lange Nadeln.

WOHNSTATT DER FEEN

Die Lärche ist unser einziger heimischer Nadelbaum, der seine Nadeln vor dem Winter abwirft. Daher kommt das wissenschaftliche Beiwort *decidua*, was so viel wie »laubabwerfend« bedeutet.
In der Mythologie galt die Lärche bei unseren Vorfahren als Wohnstatt von wohlgesonnenen Waldfeen und als heiliger Schutzbaum, in den nie ein Blitz einschlagen würde. Dass in Lärchen keine Blitze einschlagen, kann ich leider so nicht bestätigen, weil ich selbst schon vom Blitz aufgespaltene Lärchen gesehen habe.
Lärchenholz besitzt eine enorme Tragfähigkeit und Witterungsbeständigkeit und wird daher sehr gerne im Außenbereich eingesetzt. Bauernhäuser im Alpenraum, gebaut mit Lärchenholz, sind teilweise Jahrhunderte alt. Heute ist das Holz für Gartenzäune und Bauwerke für Kinderspielplätze sehr begehrt.
Im Frühjahr kann man die jungen Nadeln frisch verzehren oder diese für die Herstellung von Sirup, Likör, Gelee und Nadelhonig nutzen. Auch die weiblichen rötlichen Blüten und die sehr jungen Zapfen

Wunderschöne weibliche Blütenstände mit Zapfen.

ergeben einen leckeren Sirup oder Likör. Der Geschmack ist harzig und nadelbaumartig. Der zähflüssige Stammsaft verletzter oder frisch geschlagener Bäume wurde von unseren Vorfahren getrunken.

Frischkäse mit jungen Lärchennadeln

Aus Frischkäse, Gewürzen und Kräutern wird eine Masse nach Geschmack zubereitet. Junge und zarte Lärchennadeln klein schneiden. Den Frischkäse auf Brot streichen und die Lärchennadeln dann einfach darüberstreuen. Wenn man möchte, kann man den Käse zunächst auch kühlen, dann in kleine Kugeln formen und in den Nadeln wälzen.

DIE KRAFT AUS DEM STAMM

Das hautreizend und antiseptisch wirkende Lärchenterpentin, gewonnen durch das Anbohren der Stämme, wurde früher in Form von Salben und Emulsionen verwendet. Die Lärchenharzsalbe, hergestellt aus Lärchenharz und Bienenwachs, ist ein altes Hausmittel bei Husten, Heiserkeit und Halsschmerzen. Frische Nadeln werden als Badezusatz verwendet und befreien durch die ätherischen Öle die Atemwege.
Die Bachblüte 'Larch' ist gut für Menschen, die nur wenig oder gar kein Selbstbewusstsein und Vertrauen in die eigene Persönlichkeit haben.

Sommer-Linde

Tilia platyphyllos · Malvengewächse · Juni–Juli · H 15–30 m

MERKMALE: Die Blätter sind wechselständig angeordnet, kerbig gesägt, herzförmig, vorne zugespitzt, 5–15 cm lang und ebenso breit, Blattoberseite leicht behaart. Helle, weißliche Haarbüschel in den Blattnervenwinkeln. Blütenstand 2–5-blütig in hängenden Rispen mit hellem, flügelartigem Tragblatt verwachsen. Die graue bis schwarze Rinde ist zunächst glatt und wird dann längsrissig. Stark verholzte Kapselfrüchte reifen im September.

VORKOMMEN: Alleebaum, Dorflinde; Parks, Laub- und Mischwälder.

VERWECHSLUNG: Winter-Linde *(Tilia cordata)*, braune Haarbüschel in den Blattnervenwinkeln. Blattunterseite blaugrün.

BAUM DES DORFMITTELPUNKTS

Fast kein anderer Baum ist so ausführlich in Sagen und Erzählungen erwähnt, wie die Linde. Er spielte im Brauchtum als Dorflinde, Gerichtslinde, Kirchlinde oder Tanzlinde in der Mythologie eine große Rolle. Oft sind auch heute noch in Ortschaften Lindenbäume der Mittelpunkt des Dorfes oder einfach ein Treffpunkt zum Erzählen. Der botanische Name ist verwandt mit dem griechischen *tilos*, Faser. Der Reichtum an Bastfasern in der Rinde ist ein besonderes Merkmal der Linde. So wurden auch Kleider aus Lindenbast gewoben. Sommer-Linden können ein Alter von bis zu 1000 Jahre erreichen.

Winter-Linde – Linden werden oft an bedeutenden Plätzen von Ortschaften gepflanzt.

BLÄTTER DER SOMMER-LINDE

Von beiden Lindenarten können die jungen, weichen Blätter roh gegessen oder Salaten und Spinatgerichten beigemischt werden. Ich finde die Blätter der Sommer-Linde etwas weicher, weshalb ich diese auch bevorzuge. Sie sind reich an Proteinen, Mineralien und Chlorophyll – also genau das Richtige für einen leckeren Smoothie. Blätter und auch die Blütenknospen können nach dem Trocknen und Pulverisieren zum Strecken von Mehl verwendet werden. Die Blüten eignen sich wunderbar zum Aromatisieren von Desserts, Eierspeisen, Getränken oder als Sirup. Und wer kennt nicht den leckeren Lindenblütenhonig?

Lindenblätterpesto mit getrockneten Tomaten

Etwa 15–20 junge Lindenblätter, 120 ml Olivenöl, 1 Knoblauchzehe, 60 g Parmesan, 30 g Pinien- oder Sonnenblumenkerne und 5 getrocknete Tomaten. Zunächst die Kerne in einer Pfanne ohne Fett rösten. Dann alle Zutaten mischen und pürieren. Je nach Geschmack können Sie noch nachwürzen. Das Pesto hält sich gut verschlossen, im Kühlschrank gelagert, mindestens einen Monat.

LINDENBLÜTENTEE BEI HUSTEN

Lindenblüten sind ein sehr beliebtes und auch schon lange bekanntes Mittel bei Erkältungskrankheiten. Besonders bei Hustenreiz können die Schleimstoffe eine Linderung bringen. Lindenblütentee soll die körpereigenen Abwehrkräfte steigern und ist außerdem schweißtreibend. Zur Reinigung und Beruhigung gereizter Augen empfiehlt Hildegard von Bingen frische Lindenblätter aufzulegen.

Mehlbeere

Sorbus aria · Rosengewächse · Mai–Juni · H 6–20 m

MERKMALE: Strauch oder Baum. Die wechselständig angeordneten Blätter sind oval, kurz gestielt, mit gerundetem oder keilförmigem, glattrandigem Blattgrund. Blattoberseite anfangs behaart, später glänzend dunkelgrün, Blattunterseite immer typisch weißfilzig behaart. Cremeweiße Blüten öffnen sich nach dem Laubaustrieb in flach gewölbten Trugdolden. Die orange-scharlachrot gefärbten, kugeligen, ca. 1 cm großen Früchte reifen im September und Oktober heran. Das Fruchtfleisch ist mehlig.

VORKOMMEN: Sonnige, trockene Wälder und Gebüsche, kalkliebend.

VERWECHSLUNG: Vogesen Mehlbeere *(Sorbus mougeotii)*, Zweige und Knospen im Vergleich zu (*Sorbus aria)* kahler.

DIE MEHLIGE BEERE

Ihren Namen verdanken die Mehlbeeren entweder dem Umstand, dass die Früchte früher in Notzeiten getrocknet und zu Streckmehl gemahlen wurden, oder vom sehr trefflich beschriebenen Geschmack der Beeren. Der Artname *aria* heißt so viel wie Mehlbeerbaum. Die Gewöhnliche Mehlbeere ist direkt verwandt mit der Eberesche *(Sorbus aucuparia)*, der Elsbeere *(Sorbus torminalis)* mit braunen Beeren und weiteren *Sorbus*-Arten. In der Natur ist die Mehlbeere an den typisch weiß-filzigen Blättern leicht zu erkennen. Mehlbeeren sind Pflanzen mit einem sehr hohen Lichtbedarf. Im normalen Waldbestand unterliegen sie meist der Konkurrenz schneller und höher wachsender Baumarten, vor allem der Buche. Der Baum gehört zu den langsam wachsenden Arten und erreicht ein Alter von bis zu 200 Jahren. Vögel verzehren die Beeren und verbreiten die Samen über den Verdauungsweg. Vom Laub leben

Die Mehlbeere kann man leicht an der weißfilzigen Blattunterseite erkennen.

viele seltene Falterarten wie Segelfalter, Baum-Weißling und Gelber Hermelin.

Die Beeren können von September bis in den November hinein gesammelt werden. Für die weitere Nutzung sollten die Beeren einmal Frost abbekommen haben. Die Beeren sind roh genießbar oder können getrocknet zu Streckmehl verarbeitet werden. Der Geschmack ist mehlig und etwas süßlich. Die gekochten und passierten Beeren eignen sich als Mus für Suppen, Soßen oder Marmeladen.

Butterplätzchen mit Mehlbeere

Etwa 400 g Mehlbeeren sammeln und bei ca. 50 °C, entweder im Backofen oder im Dörrgerät, trocknen und anschließend mahlen. Nun ca. 200 g Mehlbeerenmehl, 200 g Weizenmehl Typ 405, 200 g Butter, 150 g Zucker, 2 Eiern, 1 Tütchen Backpulver und 1 Prise Salz zu einem Teig verrühren. Nachdem der Teig 1–2 Stunden im Kühlschrank ruhen konnte, wird er ausgerollt und die Plätzchen ausgestochen. Im 180 °C vorgeheizten Backofen ca. 8–12 Minuten backen.

GESUNDE BEEREN DER BERGE

In Gebirgsregionen sollen die getrockneten Früchte als Teezubereitung bei Durchfall, Darmträgheit, Katarrh und Husten Verwendung gefunden haben. In der Volksmedizin sollen die Früchte auch bei Nieren- und Menstruationsbeschwerden verwendet worden sein.

Mispel

Mespilus germanica · Rosengewächse · Mai–Juni · H 3–6 m

MERKMALE: Baum oder Strauch. Die wechselständigen, elliptischen Blätter sind bis zu 15 cm lang. Blattunterseite ist graugrün und filzig behaart. Junge Triebe sind ebenfalls filzig behaart und tragen Dornen. Die Blüten ähneln stark der Apfelblüte, diese ist aber deutlich größer. Kleine, kugelige Früchte, etwa 4 cm im Durchmesser. Erntezeit ist zwischen Ende Oktober und Anfang November. Sehr kennzeichnend sind die auffallend langen Kelchblätter am Rand der Früchte.
VORKOMMEN: Liebt durchlässige, leicht saure Böden, sonnige bis halbschattige Lagen, in Gärten und Parks.
VERWECHSLUNG: Keine.

WERTVOLLES ERBE

Bereits vor über 3000 Jahren wurde die Mispel im Orient kultiviert. Etwa 1000 Jahre später brachten die Römer die Mispel nach West- und Mitteleuropa. Auch Karl der Große soll Klöster verpflichtet haben, die Mispel in den Gärten zu kultivieren.
Mispeln dienen als Brutgehölz für heimische Vögel und die Früchte sind sehr beliebt. Ihre pollenreichen Blüten locken Pillenwespen, Pelzbienen, Honigbienen und andere Insektenarten an.
Die Früchte sind zunächst sehr hart und ungenießbar, was ihnen den Namen »Steinapfel« einbrachte. Wie bei manchen anderen Obstsorten kommt das volle Aroma dann zum Vorschein, wenn die Früchte einen Frost abbekommen haben. Im Übrigen kann die Gefriertruhe einen Ersatz zum Frost bieten.
Zum Verzehr können wir die Früchte in der Küche für Chutneys, Marmeladen, Gelees und Soßen nutzen. Da der Pektingehalt relativ hoch ist, gelingen Gelees besonders gut. Bekannt ist auch die Anwendung beim Keltern. So verhindert die Beimischung der Mispelfrüchte die Trübung von Wein oder Most. Als Inhaltstoffe sind besonders Apfelsäure, Betacarotin, Gerbstoffe, Pektin, Vitamin B2 und Zitronensäure zu erwähnen.

Mispeln bekommen nach Frost einen weinsäuerlichen, wunderbaren Geschmack.

Mispelmarmelade

Etwa 500 g geteilte Mispeln mit ca. 100 ml Wasser weich kochen und anschließend mit einem Sieb und Löffel oder mit der Flotten Lotte passieren. Anschließend mit Gelierzucker im Verhältnis 1:1 oder 2:1 aufkochen. Verfeinern lässt sich die Marmelade mit Vanille oder auch Zimt. Das Ganze heiß in vorgewärmte Gläser füllen, kurz auf den Deckel stellen, wieder umdrehen und dann abkühlen lassen.

MISPELN FÖRDERN DIE VERDAUUNG

Hildegard von Bingen empfahl Mispelfrüchte sowohl Gesunden als auch Kranken für den Muskelaufbau und zur Blutreinigung. Bekannt sind die Anwendungen gegen innere Blutungen und Darmerkrankungen sowie zum Gurgeln bei Entzündungen im Mund- und Rachenraum. Der Genuss von rohen Mispelfrüchten soll die Verdauung fördern. In der Volksmedizin kamen die vollreifen Früchte wegen ihrer entzündungshemmenden Wirkung zur Linderung von Nieren- und Harnwegentzündungen zum Einsatz.

Moosbeere

Vaccinium oxycoccos · Heidekrautgewächse · Mai–August · H 2–6 cm

MERKMALE: Immergrüner Zwergstrauch. Die fadenförmigen und niederliegenden Stängel können bis zu 1 m weit kriechen. Die kahlen Blätter sind ledrig, ganzrandig, mit zur Spitze hin umgerolltem Rand. Sie sind wechselständig angeordnet, werden 5–10 mm lang und sind elliptisch bis lanzettlich geformt. Blattoberseite dunkelgrün, Blattunterseite ist weiß-grün. Die sauren und hartschaligen Beeren reifen spät im Herbst. Sie erreichen bis 8 mm Durchmesser, sind rot und auch öfter gelblich gesprenkelt.
VORKOMMEN: Nährstoffarme Moore und Moorwälder.
VERWECHSLUNG: Großfrüchtige Moosbeere (*Vaccinium macrocarpon*), mit größeren Früchten.

OFT VERSTECKT IN NATURSCHUTZGEBIETEN

Um es vorwegzunehmen: Es wird nicht einfach sein, die Gewöhnliche Moosbeere außerhalb von Naturschutzgebieten anzutreffen und zu sammeln. Sie gilt in Deutschland als gefährdet und die natürlichen Standorte sind meist in geschützten Mooren. So hat diese Beere nicht die große Aufmerksamkeit, zumal die Beeren recht klein sind und das Sammeln mühsam ist. Beeren, die man gelegentlich auf Märkten kaufen kann, kommen aus den Baltischen Staaten. Der Geschmack ist leicht bitter. Genutzt wurden die Beere in früheren Jahren für Kompott oder Gelee.

Die oft kultivierte Großfrüchtige Moosbeere hat größere Früchte.

KRAANBEERE ODER CRANBERRY

Neben der Gewöhnlichen Moosbeere gibt es vor allem in Kultur, aber auch schon verwildert in Mooren, die viel bekanntere Großfrüchtige Moosbeere *Vaccinium macrocarpon* – vor allem unter den Namen Kraanbeere oder Cranberry bekannt. Ihre natürliche Heimat liegt in Hochmooren im östlichen Nordamerika. Ihre Früchte gelten als wahres Powerpaket und werden deshalb in großen Mengen angebaut. In frischer oder getrockneter Form sind sowohl die reinen Beeren als auch Kompott und Saft als Backzutat im Handel überall zu finden. Cranberries haben einen beeindruckenden hohen Gehalt an sekundären Pflanzenstoffen. Zu den wichtigsten Stoffen gehören die Polyphenole und Anthocyane, denen die Beeren ihre Farbe und einen wichtigen Teil ihrer gesundheitlichen Wirkung verdanken.

DIE BEERE FÜR DIE BLASE

Moosbeerensaft wurde früher wegen des hohen Vitamin-C-Anteils als Mittel zur Linderung von verschiedenen Entzündungskrankheiten und Fieber verwendet. Cranberries werden heute als traditionelles Heilmittel zur Behandlung von Harnwegsinfektionen und Blasenentzündungen eingesetzt.

Cranberry-Soße

200 g Cranberries mit 100 g braunem Zucker mischen und in 1/8 L Wasser einrühren. Nun 400 g geschälte und gestückelte Äpfel dazugeben. Bei schwacher bis mittlerer Hitze ca. 15–20 Minuten köcheln lassen, immer wieder umrühren. Zum Verfeinern mit 2 TL Orangenschalenabrieb und etwas Zimt oder Vanille würzen. Passt zu Quarkspeisen, Eis oder auch Fleischgerichten.

Zitter-Pappel

Populus tremula · Weidengewächse · März–April · H 20–30 m

MERKMALE: Baum. Die Blätter sind unregelmäßig, stumpf gezähnt, nahezu rund mit einem Durchmesser von 3–10 cm und einem markanten, bis zu 6 cm langen Blattstiel. Weibliche und männliche Blüten kommen auf getrennten Bäumen vor. Sehr glatte, silbergraue Rinde mit rautenförmigen Korkwarzen bei jüngeren Exemplaren. Bei älteren Bäumen eher dunkelgraue Färbung mit Längsrissen. Grünlich-braune, schlanke Kapselfrüchte mit Samen, erscheinen Ende Mai. Samen mit zahlreichen weißen Haaren umgeben.

VORKOMMEN: Pionierbaumart auf Kahlschlägen, Brachland, lichte Weg- und Waldränder.

VERWECHSLUNG: Aufgrund der markanten Blätter ist eine Verwechslung fast ausgeschlossen.

ZITTERN WIE ESPENLAUB

Die Zitter-Pappel ist in Europa, aus der Gattung der Pappeln (*Populus*) die 35 Arten umfasst, am meisten zu finden.
Von Weitem erkennen Sie eine Zitter-Pappel daran, dass sich ihre Blätter schon beim geringsten Windhauch sanft hin und her bewegen. Die Zitter-Pappel, Espe oder auch Aspe kann bis zu 100 Jahre alt werden und ist der Baum, der in unseren Breiten mit Abstand am schnellsten wächst. Gut zu erkennen ist sie auch an den männlichen grau-braunen hängenden Kätzchen. Die weiblichen Kätzchen sind dagegen weniger auffällig und grünlich. Übrigens ist die Zitter-Pappel eine der wichtigsten Futterpflanzen für die Raupen vieler stark gefährdeter heimischer Schmetterlinge. Das Holz ist schmutzig weiß, sehr weich, leicht und zieht sich nicht zusammen. Es wird zu Sperrholzplatten, Zündhölzern, Trögen und Papier verarbeitet.

JUNGE, ZARTE, ESSBARE BLÄTTER

Im Frühjahr können die jungen und noch zarten Blätter durch Milchsäuregärung zu Sauerkraut verarbeitet oder auch als Gemüsebeilage mitgekocht werden. Der Geschmack ist bitter und spargelähnlich, allerdings etwas strenger. Später im Jahr eignen sich die Blätter dann, nach dem Trocknen und Pulverisieren, als Streckmehl oder auch Gewürzpulver. Alle anderen mitteleuropäischen Pappelarten, wie z. B. die Silber-Pappel (*Populus alba*), sind ebenso zu verwenden.

Gemüsesuppe mit Zitter-Pappel

Eine Gemüsesuppe nach Belieben herstellen. Dann einige wenige junge Blätter der Zitter-Pappel dazugeben. Nicht übertreiben und erst mal probieren, wie es schmeckt!

Zittern wie Espenlaub – geringster Wind bewegt die Blätter der Zitter-Pappel.

RINDE, BLÄTTER, KNOSPEN

Die in der Rinde, den Blättern und den Knospen der Zitter-Pappel vorhandene Salicylsäure soll schmerzlindernd, entzündungshemmend und fiebersenkend wirken. Ein Tee aus Pappelknospen, -rinde und -blättern kann bei Prostataleiden und Blasenproblemen Linderung verschaffen. In der Naturheilkunde wird Pappelsalbe oder Öl bei Rheuma, Gicht, Hämorrhoiden, Entzündungen der Haut, zur Narbenpflege, bei Juckreiz und Verbrennungen oder auch Sonnenbrand angewandt.
Die Bachblüte 'Aspen' ist das Blütenmittel bei unerklärlichen Ängsten und Sorgen.

Preiselbeere

Vaccinium vitis-idaea · Heidekrautgewächse · Mai–Juli · H 20–40 cm

MERKMALE: Immergrüner, kompakter, aufrechter bis kriechender Zwergstrauch. Blattrand oft nach unten eingerollt, oberirdische Pflanzenteile sind flaumig behaart. Blattoberseite ist kahl, glänzend und dunkelgrün, Blattunterseite punktiert. Blütenknospen anfänglich dunkelrot. Weiß-rosa und traubige Blütenstände. Die Früchte reifen ab Ende August zunächst weiß, später leuchtend rot und haben einen säuerlichen oder etwas bitteren Geschmack.
VORKOMMEN: Moore, Heiden, Fichten- und Kiefernwälder, saure Böden.
VERWECHSLUNG: Bärentraube (*Arctostaphylus uva-ursi*), Blattunterseiten nicht punktiert, Blätter nicht eingerollt.

NAHRUNG UND HEILUNG

Die Preiselbeere kommt in Europa, in Teilen Asiens und Nordamerika vor. Unsere Vorfahren nutzten sowohl die Beeren als auch die Blätter bei Blasenentzündungen. In den letzten Jahren ist der kommerzielle Anbau durch das Aufkommen der Cranberry stark zurückgegangen. Zuvor waren es vor allem der Nordwesten Deutschlands sowie die Niederlande, wo Preiselbeeren kultiviert wurden. Preiselbeeren haben eine sehr lange Erntezeit und können noch bis in den Oktober hinein gesammelt werden.

Traubige Blütenstände, aus denen später die zunächst weißen und dann scharlachroten Preiselbeeren entstehen.

LECKER ZU CAMEMBERT UND WILDGERICHTEN

Die Beeren enthalten die Vitamine C, B1, B2, B3 und Betacarotin und Mineralstoffe, vor allem Kalium, Kalzium, Magnesium und Phosphat.
Roh genießen kann man die Preiselbeeren wegen ihres herb sauren bzw. leicht bitteren und zusammenziehenden Geschmacks nur mit großen Abstrichen. In der Küche ist die Preiselbeere aber als Beilage zu gebackenem Camembert, Wildgerichten und Wiener Schnitzel sehr geschätzt. So wie viele andere Beeren, schmeckt sie einfach lecker als Marmelade, Gelee, Kompott, in Fruchtsäften, Smoothies und Lassi, im Likör oder auf Kuchen und Torten.

Eingemachte Preiselbeeren

500 g Preiselbeeren, 400 g Zucker und 30 ml Wasser und etwas Zitronensaft in einen Topf geben und das Ganze bei mittlerer Hitze ca. 30 Minuten im offenen Topf köcheln lassen. Umrühren nicht vergessen! Versuchen Sie die Beeren nicht zu sehr zu zermatschen. Es sieht einfach schöner aus, wenn man die Beeren noch erkennt. Danach in Gläser füllen und diese einige Zeit auf den Deckel stellen. Umdrehen und abkühlen lassen.

HARNTREIBENDE WIRKUNG

Die Preiselbeere und auch die meist getrockneten Blätter wurden in der Volksmedizin und der Naturheilkunde hauptsächlich wegen der entzündungshemmenden und leicht harntreibenden Wirkung bei Blasenentzündungen eingesetzt. Die Beeren können auch die Folgen von Gicht- und Rheumaleiden lindern und auch zur Gesundung bei Durchfall, Blähungen und Entzündungen im Bereich des Nierenbeckens beitragen. In den letzten Jahren ging die Bedeutung etwas verloren und man greift jetzt mehr zur Bärentraube.

Robinie

Robinia pseudoacacia · Schmetterlingsblütengewächse · Mai–Juni · H 20–30 m

MERKMALE: Baum. Blätter bestehen aus bis zu 19 eiförmigen Einzelblättern. Sie erscheinen im späten Frühling, sind wechselständig angeordnet und bis zu 30 cm lang. Sehr markant sind die bis zu 3 cm langen rotbraunen Dornen. Weiße Schmetterlingsblüten erscheinen nach dem Austrieb der Blätter und riechen angenehm nach Bergamotte. Die Borke ist braun und besitzt tiefe Furchen. In den pergamentartig ledrigen Hülsen werden etwa 4–12 Samen gebildet. Oft bleiben die Früchte bis zum nächsten Frühjahr am Baum hängen.
VORKOMMEN: Straßen, Alleen, Parks, Gärten, »verwildert« in trockenen Gebüschen, auf Brachflächen, Burganlagen.

VERWECHSLUNG: Keine.

bis 10 cm lange Hülsenfrüchte

weiße Schmetterlingsblüte, duftet nach Bergamotte

ICH BIN KEINE AKAZIE!

Viele Menschen halten Robinien fälschlicherweise für Akazien. Schon der umgangssprachliche Name »Scheinakazie« kann auf die falsche Fährte führen – die Echte Akazie *(Acacia pulchella)* sieht ganz anders aus.

Die Robinie kam im frühen 17. Jahrhundert von Amerika nach Europa. Ein erster Nachweis für einen Anbau in Deutschland stammt aus dem Jahr 1670. Robinien gelten heute weltweit als die am häufigsten kultivierten Laubbäume. Die Robinie hat ein sehr dekoratives Holz mit hervorragenden technischen Eigenschaften und einer hohen natürlichen Dauerhaftigkeit. Aus diesem Grund wird es derzeit gerne bei konstruktiven Bauten wie Brücken, Stegen oder Weidepfosten eingesetzt. Eine weitere bemerkenswerte Eigenschaft ist der hervorragende Klang von Musikinstrumenten, die aus Robinienholz gefertigt sind.

Die Blüten der Robinie liefern reichhaltigen Nektar, mit einem Zuckeranteil von 34–59 %, und zählen zu den wichtigsten Frühjahrsnahrungsquellen für unsere Bienen. Diese sammeln für uns dann den leckeren »Akazienhonig«.

Vor allem die Rinde, weniger die Samen und Blätter, sind giftig. Nach dem Verzehr dieser giftigen Bestandteile kann es zu Bauchschmerzen mit Übelkeit und Brechreiz kommen. Die Blüten sind jedoch nicht giftig.

Ich möchte hier nur die Nutzung der Blüte vorstellen, nicht jedoch, wie Sie auch die giftigen Bestandteile mit großem Aufwand »essbar« machen können. Die Blüten können ab Ende Mai zum Herstellen von Sirup, Eis, Marmelade oder Gelee verwendet werden. Besonders ausgebacken im Teigmantel sind sie superlecker! Aber auch davon nicht zu viel essen.

Die markanten Hülsenfrüchte bleiben oft bis zum nächsten Frühjahr am Baum hängen.

Dinkelpfannkuchen mit Robinienblüten

Teig aus 320 g Dinkelmehl, 0,5 L Milch, 4 Eiern, etwas Salz und Gewürzen herstellen. Robinienblüten klein schneiden und diese, beim Backen des Pfannkuchens in der Pfanne, auf den Teig streuen. Den fertigen Pfannkuchen mit Eis, Quark oder z. B. Holunderblütenmarmelade servieren.

ROBINIE IN DER HOMÖOPATHIE

In der Naturheilkunde verwenden Therapeuten die Robinie nur in der Homöopathie. Hier wird sie eingesetzt bei Problemen mit der Magensäure, Durchfall, Migräne und Gesichtsneuralgien.

Hunds-Rose

Rosa canina · Rosengewächse · Mai–Juni · H 1–3 m

MERKMALE: Dorniger Strauch. Die Blätter sind wechselständig angeordnet, eiförmig, mit gezähntem Rand, in 3–7 Einzelblättchen gefiedert und hängenden, weit ausladenden Zweigen mit Stacheln. Blattoberseite dunkelgrün, Blattunterseite heller. Blätter und Stiel sind kahl. Die duftenden, rosafarbenen Blüten haben 5 Blütenblätter und stehen auf ca. 2 cm langen Stielen. Die roten oder orangefarbenen Hagebutten reifen Ende September–Oktober. Sie sind elliptisch länglich und etwa 1–2 cm groß. Starke Ausbreitung der Pflanze am Standort durch Wurzelausläufer.
VORKOMMEN: Hecken, Weg- und Waldränder, Ödland.

VERWECHSLUNG: Mit anderen Wildrosen-Arten. Diese können Sie allerdings genauso verwenden.

MIT SEHR HOHEM VITAMIN-C-GEHALT

Wohl keine andere Pflanze steht so als Symbol für die Liebe, wie die Rose. Unzählige Geschichten und Mythen ranken sich um diese Pflanze. So soll der Teufel die Kletterrose erschaffen haben, um auf den dornigen Stacheln in den Himmel steigen zu können! Das glückte ihm aber nicht, denn die Rose krümmte ihre Stacheln nach unten. Carl von Linné beschrieb als Erster die Hundsrose in seinen botanischen Werken. Ihre wertvollen Eigenschaften und der hohe Vitamin-C-Gehalt machten diesen Strauch für unsere Vorfahren zu einem wertvollen Heilmittel und Energiespender. Von unseren heimischen Früchten weist die Hundsrose, neben Sanddorn, den höchsten Vitamin-C-Gehalt auf.
Aus unserer Kindheit kennen viele von uns noch das Juckpulver, hergestellt aus Hagebuttenkernen, deren Härchen bei Hautkontakt einen heftigen Juckreiz auslösen.

VIELSEITIG VERWENDBAR!

Von der Hunds-Rose kann fast alles genutzt werden. Junge, zarte Blätter können z. B. in Eintöpfen, Suppen oder Gemüsegerichten Verwendung finden. Aus den duftenden Blüten stelle ich, z. B. mit Apfelsaft, ein köstliches Gelee her. Kandierte Blüten schmecken lecker und sehen auch als Dekoration der Speisen sehr schön aus. Die Früchte reifen im Spätherbst und hängen oft noch den ganzen Winter an den Sträuchern. Aus den Früchten wird die beliebte Hagebuttenmarmelade hergestellt. Getrocknet sind sie auch in vielen Teemischungen enthalten. Letztendlich kann man aus den gerösteten Kernen sogar einen Kaffee zubereiten.

Hagebuttenmarmelade

In meditativer Arbeit die Hagebutten einzeln entkernen, um alle Juckhärchen zu entfernen. Einfacher ist es, die Hagebutten etwa 15 Minuten köcheln zu lassen und die Masse durch ein Sieb streichen oder mit der Flotten Lotte das Mus von den Kernen trennen. Anschließend die Marmelade in gewohnter Weise zubereiten.

Die Hagebutten verbleiben oft den Winter über am Strauch – je später man sie pflückt, desto süßer sind sie.

FRÜHLINGSERWACHEN

Der Tee aus den Früchten wird bei Frühjahrsmüdigkeit und als Stoffwechselkur getrunken. Erkältungskrankheiten soll er vorbeugen und zur Stärkung des Immunsystems beitragen. Ein Tee aus den Kernen (Kernlestee) wird gerne bei Blasen- und Nierensteinen getrunken.

Sanddorn

Hippophae rhamnoides · Ölweidengewächse · März–Mai · H 3–6 m

MERKMALE: Dorniger Strauch. Die Blätter sind mit einem kurzen Stiel wechselständig angeordnet, schmal lanzettlich. Der glatte Blattrand rollt sich leicht nach oben. Blattoberseite ist anfangs sternförmig mit Haaren besetzt, die silbergraue Blattunterseite ist dicht mit Schildhaaren bedeckt. Der Strauch blüht vor dem Laubaustrieb und die kleinen gelblichen Blüten sind eher unscheinbar. Die Äste haben sehr spitze Dornen und die ovalen Früchte sind leuchtend gelb bis orangefarben.
VORKOMMEN: Kalkhaltige Sand- und Kiesböden, sonnige Lagen, lichte Kiefernbestände und Trockenwälder. Trockene Flussauen und Schotterfluren.

VERWECHSLUNG: Keine.

SUPERFOOD IN BEERENFORM

Sanddorn war in den Kriegsjahren und der Nachkriegszeit bei uns ein wichtiger Vitamin-C-Lieferant. In Deutschland wurde dieser Strauch erstmalig in den 1960er Jahren in der damaligen DDR großflächig angebaut. Er wurde als wertvoller Beitrag zur Volksgesundheit und als wichtige Vitaminquelle angesehen. Deshalb sind auch heute seine Hauptvorkommen in Mecklenburg-Vorpommern, Brandenburg aber auch im Schwarzwald.

Sanddorn hat sehr viele Vitamine, Mineralstoffe, Flavonoide, Carotinoide und zählt zum wahren 'Superfood' unserer Heimat. Die Beeren reifen zwischen August und Oktober. Zum Ernten der Beeren sollte man Handschuhe tragen.

Frisch verzehrt werden die säuerlichen Beeren eher selten. Für Fruchtmus, Fruchtsaft, Tee, Sirup, in getrockneter Form als Gewürz, Beimischung im Müsli, im Smoothie, in Süßspeisen, Wein, Likör, auf Torten und Kuchen eignen sie sich aber wunderbar. Für den Winter können frische Beeren eingefroren werden. In vielen Kräuter- und Früchtetees ist Sanddorn zum Aromatisieren beigemischt. Aus den Kernen wird ein hochwertiges Pflanzenöl für Hautpflegeprodukte und Nahrungsergänzungsmittel gewonnen.

Selten kann man noch Fürchte im Winter finden – meist sind die Vögel schneller.

SANDDORNKERNÖL GEGEN ENTZÜNDUNGEN

In der Volksheilkunde werden die frischen reifen Sanddornfrüchte und das Sanddornkernöl verwendet. Das fette Öl fördert die Wundheilung. Bei Erkältungskrankheiten wird das Sanddornmark wegen des hohen Vitamin-C-Gehalts und der zahlreichen anderen Inhaltsstoffe eingenommen. Es soll immunregulierend, abwehrstärkend, entzündungshemmend, cholesterinsenkend, vorbeugend gegen Arteriosklerose, kreislaufanregend, blutstillend und regenerierend bei Sonnenbrand und Hautausschlägen wirken. Weiter soll Sanddorn überschießende Produktion von Magensäure regulieren und Darmtoxine binden.

Couscous mit Beeren und Sanddornmus

Etwa 250 g feinkörnigen Couscous mit 1 L Apfelsaft übergießen. Den Couscous 15 Minuten, mit einem Tuch bedeckt, quellen lassen. Dann 2 EL Honig, 1 Prise Zimt, 1 EL Rosinen, 1 EL Nüsse, 4 EL Sanddornmus mit einigen Beeren nach Wahl unterrühren und den Brei warm oder kalt genießen.

Schlehe

Prunus spinosa · Rosengewächse · März–April · H 2–3 m

MERKMALE: Schlehen wachsen als dornige, stark verästelte Sträucher mit einer Wuchshöhe von bis zu 3 m. Die Blätter sind 2–5 cm groß, lanzettlich und am Rand fein gezähnt. Sie stehen wechselständig und häufig büschelig spiralig angeordnet. Schneeweiße Blüten mit 5 Blütenblättern erscheinen vor dem Laubaustrieb. An den Ästen wachsen sehr spitze etwa 2 cm lange Dornen. Die Steinfrüchte reifen von Oktober–November. Sie sind haselnussgroß und zunächst grün, im reifen Zustand dann dunkelblau und bereift.

VORKOMMEN: Kalkliebend, Weg- und Waldränder, verwilderte Weinberge, Ödflächen.

VERWECHSLUNG: Weißdorn *(Crataegus laevigata, Crataegus monogyna)*, die Blüten werden erst nach den Blättern gebildet.

UNDURCHDRINGBARE HECKEN

Schlehen sind ein uraltes Nahrungs- und Heilmittel. Getrocknete Schlehenfrüchte und Kerne wurden bei Ausgrabungen frühzeitlicher Siedlungen gefunden. Auch Ötzi trug, neben dem Birkenporling, Schlehen bei sich.

In weniger gepflegten Landschaften bilden Schlehenhecken mit ihren spitzen Dornen oft undurchdringliche Hindernisse. Diese dichten Hecken bieten vielen Vogelarten Lebensraum, Brutplatz und Nahrungsquelle. Im Frühjahr zur Blütezeit verzaubern sie mit ihrem wunderbaren Duft unsere Sinne und sind eine wichtige Nahrungsquelle für Bienen und Schmetterlinge. Die zarten Blüten können vorsichtig mit Zuckerwasser besprüht werden und schmecken lecker als kandierte Zugabe zu Eis, Quark oder z. B. Joghurt. Junge Blätter können sowohl frisch als auch getrocknet zum Würzen verwendet werden. Die Beeren sollten vor der weiteren Verwendung einmal Frost abbekommen haben oder einige Stunden tiefgefroren werden, sie schmecken dann süßer und aromatischer. Daraus kann man dann Likör, Mus, Marmelade, Kompott oder Aufstriche zubereiten.

Die Schlehenfrüchte sollten erst nach dem ersten Frost geerntet werden.

Schlehenwein

600 g Schlehen, 1 Zimtstange, 3 Nelken, 2 Sternanis und etwas Zitronenabrieb in eine Schüssel geben. Alles mit 1 L trockenem Rotwein übergießen. Abdecken und für 5–6 Tage bei Zimmertemperatur stehen lassen. Danach den gesamten Inhalt zum Kochen bringen und ca. 3–5 Minuten köcheln lassen. Topfinhalt durch ein Tuch filtern und kräftig ausdrücken. Nach dem Abkühlen auf ca. 40 °C, 300 g Honig darin auflösen. Später noch 750 ml Wodka dazugeben. Je länger der Ansatz ruht, umso besser schmeckt's!

SCHLEHENSCHNAPS FÜR DAS BLUT

In der Volksmedizin werden die Blüten, aber auch die Blätter, als leicht abführendes und harntreibendes Mittel genutzt. Außerdem bei Husten, verzögerter Menstruation, Steinleiden und Wassersucht. Die Früchte werden in Mus, Schnaps, Schlehenwein usw. als zusammenziehendes Mittel gegen Rheuma und zur »Blutreinigung«, gegen Verdauungsschwäche und zur Steigerung der Abwehrkräfte und bei Erkältungskrankheiten verwendet. Verdünnter Saft zum Gurgeln bei Mund- und Rachenentzündungen.

Speierling

Sorbus domestica · Rosengewächse · Mai–Juni · H 15–20 m

MERKMALE: Baum. Die unpaarig gefiederten Blätter sind wechselständig angeordnet, anfangs weißwollig behaart und sehen der Eberesche sehr ähnlich. Weiße Blüten in doldenähnlichen Blütenständen. Die Früchte sind apfel- oder birnenförmig, zunächst gelblich und rötlich, bei Reife werden sie braun. Die Rinde des Speierlings ist nur bis etwa zum Alter von 7 Jahren glatt, danach reißt die Borke auf. Sehr schöne und auffällige gelbe bis rötliche Herbstfärbung.

VORKOMMEN: Vollsonnige, geschützte Standorte, bevorzugt kalkhaltige Lössböden, Eichen-Hainbuchenwälder, milde Weinbaugebiete.

VERWECHSLUNG: Eberesche, Vogelbeere *(Sorbus aucuparia)*, mit roten und kleineren Beeren.

EINE SEHR SELTENE WILDFRUCHT

Der Speierling war bereits bei den Griechen und Römern als Obstgehölz bekannt. Von Karl dem Großen wissen wir, dass er den Speierling anbauen ließ.

Speierling und Ebereschen werden aufgrund der sehr ähnlichen Blätter und Blüten leicht verwechselt. Spätestens beim Reifen der Früchte wird aber der Unterschied anhand der Farbe und Form der Früchte sehr deutlich erkennbar. In Deutschland sind Speierlinge heute in den warmen Regionen von Rhein, Neckar, Mosel, Taunus und Unterfranken zu finden. Bei einer Zählung 2010–2013 wurden noch 2500 natürlich vorkommende, sortenreine Speierlinge kartiert und somit zählt dieser Baum zu den seltensten in Deutschland.

Speierlinge benötigen für ihr ohnehin langsames Wachstum viel Licht und vertragen den Schatten anderer Bäume nicht. Sie können bei guten Bedingungen bis zu 20 m hoch und etwa 100–200 Jahre alt werden. Wegen der Seltenheit der Bäume kommt praktisch kein Holz auf den Markt. Es ist im Übrigen das schwerste Holz, das es bei uns gibt.

Speierlingmus

500 g Früchte in 100 ml Wasser weich kochen. Die Früchte sollten dabei nicht übereinander liegen. Die weichen Früchte werden nun mit einem Löffel durch ein nicht zu feines Sieb gedrückt. So bildet sich nun die Musschicht am Sieb. Viel leichter geht dieser Vorgang mit der Flotten Lotte. Das noch warme Mus nun mit Vanille, Zimt und Zucker nach Belieben (ca. 150 g) mischen.

Die kugeligen bis birnenförmigen Früchte werden bis zu 4 cm groß.

SPEIERLING UND »ÄPPELWOI«

Besonders in Hessen ist der Speierling noch ein angesehener Obstbaum. Bei der Herstellung des bekannten Äppelwois werden bis zu 3 % Speierling beigemischt. Die Bäume tragen fast jährlich ihre typischen birnenförmigen Früchte. Roh gegessen schmecken sie sehr herb. Vermutlich hat der Speierling auch daher seinen Namen, weil man geneigt ist, die rohen Früchte gleich wieder »auszuspeien«. Außer zur Mostherstellung eignen sie sich noch um Mus, Gelee, Kompott, Schnaps oder Likör herzustellen.

DIE KRAFT DER GERBSTOFFE

Wegen des hohen Gerbstoffgehalts ist die Verwendung der Früchte als adstringierendes Hausmittel bei Magen- und Darmbeschwerden, wie Durchfall bzw. Ruhr, in der Volksmedizin bekannt.

Stachelbeere

Ribes uva-crispa · Stachelbeergewächse · April–Mai · H 100–150 cm

MERKMALE: Breitwüchsiger Strauch mit Stacheln. Die Blätter sind 3–5-lappig, 2–6 cm breit und rundlich, Blattunterseite ist meistens weich behaart. Hängende Blüten sitzen einzeln bis zu dritt in den Blattachseln, Kelchblätter ebenso lang wie der Kelchbecher. Äste dunkel, stehen sparrig ab oder hängen bogig über. Langtriebe sind mit einzeln stehenden, häufig nur haarförmigen Stacheln bedeckt. Die grünen, 1–3 cm großen Früchte sind weich behaart.
VORKOMMEN: Sonniger bis halbschattiger Standort, nährstoffreiche, lehmige Böden. Hecken, Gebüsche, Schlucht- und Bergwälder, Auen und Laubwälder.
VERWECHSLUNG: Gartenform (*Ribes uva-crispa* var. *sativum*), mit größeren Früchten.

SELTENE WILDFORM

Vermutlich ist Asien die ursprüngliche Heimat der Stachelbeere. Bereits seit dem 14. Jahrhundert wird sie in Europa angebaut. Die Stammpflanzen der Stachelbeere wachsen in meist etwas feuchteren, lichten Wäldern, an Waldrändern und in Hecken auf nicht zu trockenen Böden. Neben der Wildform mit deutlich kleineren Früchten (*Ribes uva-crispa* var. *uva-crispa*), finden wir heute in unseren Gärten die Kulturform (*Ribes uva-crispa* var. *sativum*). Diese gibt es entweder als Strauch oder auch als Hochstämmchen. Übrigens ist die Stachelbeere eng mit der Johannisbeere verwandt, das Ergebnis ihrer Kreuzung ist die Jostabeere *(Ribes* x *nidigrolaria).*

Die Beeren enthalten Vitamin C und B, Folsäure, Kohlenhydrate, Wein-, Apfel- und Zitronensäure, Pektin, Magnesium, Kalium, Kalzium, Magnesium, Silizium und Zink. Gerade durch das Pektin sind sie ideal für die Zubereitung von Marmelade oder Gelee! Die Ernte beginnt Ende Mai und dauert, je nach Sorte, bis August. Je nach Verwendungszweck kann man Stachelbeeren in unterschiedlichen Reifestadien ernten. Grüne, noch nicht ausgewachsene Früchte, eignen sich besonders gut zum Einkochen und als Kuchenbelag. In der Küche sind die Stachelbeeren wegen ihres frisch säuerlichen Aromas für die Zubereitung von Kuchen und Desserts sehr beliebt.

Die Zuchtform der Stachelbeere hat größere Früchte, die auch farblich stärker variieren.

Stachelbeer-Crumble

Aus 250 g Mehl, 125 g Butter, 125 g braunem Zucker und 1/2 TL Backpulver, in einer großen Schüssel Brösel herstellen. Die Stachelbeeren entstielen, waschen und in eine ofenfeste Form füllen. Die Krümelmischung nun über die Beeren geben und leicht festdrücken. Im vorgeheizten Ofen 45 Minuten bei 180 °C backen. Heiß mit Sahne oder Eis servieren.

ENTGIFTENDE WIRKUNG

In der Naturheilkunde werden von der Stachelbeere die Blätter und die reifen Früchte genutzt. Die Stachelbeerfrüchte sollen harntreibend bzw. darmreinigend sein, den Körper entwässern und die Verdauung anregen. Weiter soll durch den hohen Siliziumgehalt das Bindegewebe gefestigt werden. Haare und Nägel werden durch diese Beeren gestärkt. Junge, grüne Blätter sollen, nach Beschreibungen in alten Kräuterbüchern, bei Entzündungen schmerzlindernd wirken. Bei fettiger Haut hilft eine Gesichtsmaske, die aus dem Fruchtfleisch hergestellt wird.

Steinweichsel

Prunus mahaleb · Rosengewächse · April–Mai · H 7–10 m

MERKMALE: Sparriger großer Strauch oder kleiner Baum. Die fast kreisförmigen, eiförmigen, glatten, glänzenden Blätter sind 3–8 cm lang und haben eine aufgesetzte Spitze mit kurzen stumpfen Zähnen. Die kleinen weißen etwa 1,5 cm großen Blüten erscheinen mit oder kurz vor dem Laubaustrieb und sitzen zu 4–10 in Trugdolden. Die bis zu 1 cm großen Früchte sind zunächst rot und werden dann schwarz.

VORKOMMEN: Trockene, sonnige Gebüsche, Hecken und Flaumeichenwälder, sehr wärmeliebend.

VERWECHSLUNG: Trauben-Kirsche (*Prunus padus*), mit reichblütiger und überhängender Blütentraube.

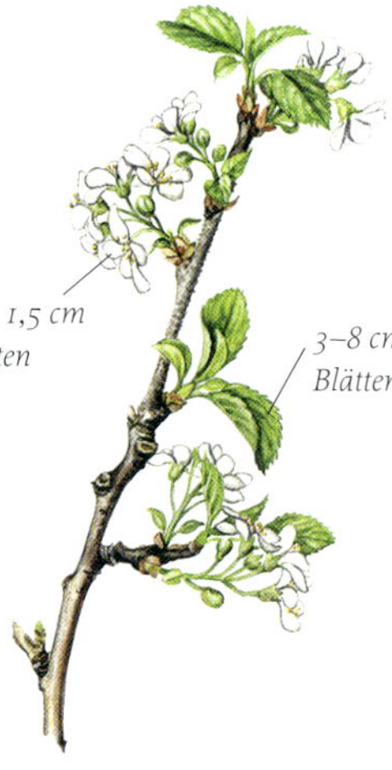

WIE KAM DIESER BAUM ZU UNS?

Die Heimat der Steinweichsel, auch Felsenkirsche genannt, ist Mittel- und Südeuropa, Kleinasien, Kaukasus, Türkei, Syrien und Iran.
In Europa hat diese Pflanzen vor allem in Ostösterreich, Ungarn, Elsass und den Vogesen große Bedeutung. Aus dem Holz wurden Zigarrenspitzen, Pfeifenröhren – das berühmte »Weichselrohr« – und Spazierstöcke hergestellt. Hierzu wurde der Baum seit dem frühen 19. Jahrhundert in größeren Beständen kultiviert. Die Steinweichsel wird heute vor allem als Ziergehölz angepflanzt und dient als Veredelungsunterlage für die Kultur von Sauer-Kirschen.

WER KENNT DAS GEWÜRZ MAHLEP?

Die Blüten kann man zum Aromatisieren von Speisen oder Zucker verwenden. Kandiert schmecken sie lecker zu Quark oder Eis. Blätter ergeben zusammen mit anderen Kräutern eine leckere Teemischung.

Türkische Schnecken

0,5 L heiße Milch, 250 ml Öl und 150 g Zucker in eine Schüssel geben. 1 Würfel Hefe bröckeln, 1 TL Salz und 3 TL Mahlep dazugeben. Von 1 kg Mehl ca. eine Tasse entnehmen und den Rest unterkneten. Den Teig ca. 1 Stunde gehen lassen. Mit dem entnommenen Mehl die Hände einreiben, damit der Teig nicht festklebt, und die Schnecken formen. Ein Eigelb in Milch verrühren und damit die Schnecken bestreichen. Im Backofen bei 200 °C ca. 15–20 Minuten goldgelb backen.

Die schwarzen, eiförmig bis rundlichen Früchte schmecken nussig herb.

Die Früchte können roh vom Baum gegessen werden. Diese sind zunächst bitter, werden aber bei mehr Reife süßer. Nutzen können wir sie in Kompott, Gelee oder Marmelade.
Aus dem Kern der Felsenkirsche wird in arabischen Ländern, der Türkei und Griechenland, seit Jahrhunderten das Gewürz Mahlep hergestellt. Genutzt wird es als Pulver zum Backen mit dem süßsauren und nussigen Geschmack und ist damit typisch für orientalische Süßspeisen.

ZUM WÜRZEN

Steinweichsel wird als Gewürz genutzt. Das Gewürz, Mahlep, duftet nach Bittermandeln und ist aufgrund des hohen Fettgehalts nicht sehr lange haltbar und sollte trocken und kühl aufbewahrt werden. Mahlep ist außerhalb der Länder des östlichen Mittelmeerraums kaum bekannt.

Berg-Ulme

Ulmus glabra · Ulmengewächse · März–April · H 20–40 m

MERKMALE: Baum. Die Blätter sind wechselständig am Zweig angeordnet und vom Umriss breit verkehrt eiförmig oder rundlich mit gezähntem Blattrand. Sie sind 10–15 cm lang und 5–9 cm breit. Eine Blatthälfte ist immer größer und ungleich am Grunde des Blattstieles. Gelbe Herbstfärbung. Lange vor dem Blattaustrieb erscheinen die Blüten, welche ungestielt an blattlosen Kurztrieben, in kleinen knäueligen Trugdolden, erscheinen. Die Frucht reift im Mai/Juni und ist ringsum dünn geflügelt; breit eiförmige bis rundliche, 10–25 mm große Nuss.

VORKOMMEN: Alleebaum, Schlucht- und schattige Hangwälder.

VERWECHSLUNG: Flatter-Ulme *(Ulmus laevis)*, Blüten und Früchte lang gestielt.

GEFÄHRDETER ULMENBESTAND

Im antiken Griechenland waren Ulmen dem Götterboten Hermes geweiht. Der Baum galt als Sinnbild für Tod und Trauer. Ähnlich der Linde, wurden an wichtigen Plätzen Ulmen gepflanzt.
Berg-Ulmen wachsen im Jugendstadium sehr rasch und können nach 30 Jahren bereits 90 % ihrer späteren Höhe erreichen. Mit 60 Jahren ist das Höhenwachstum mehr oder weniger abgeschlossen. Berg-Ulmen haben hohe Ansprüche an die Bodenbeschaffenheit, die Lichtverhältnisse sowie die Nährstoff- und Wasserversorgung. Ulmen können 400–500 Jahre alt werden. Leider werden die Ulmenbestände seit etwa 1920 stark dezimiert. Schuld daran ist der Ulmensplintkäfer, der eine Pilzerkrankung aus Ostasien eingeschleppt hat. Der Käfer überträgt einen Schlauchpilz, der die Gefäße des Baumes verstopft und sie damit unweigerlich zum Absterben bringt.

Die Früchte reifen mit dem Blattaustrieb und werden durch den Wind verbreitet.

ESSBARE BLÄTTER UND FRÜCHTE

Die jungen, zarten und bissfesten Blätter schmecken salatartig und können entweder roh bzw. in einem Salat, Gemüse oder Suppe verzehren werden – am besten, bevor die Blattfasern noch nicht zäh sind. Auch die noch sehr jungen, fast papierartigen Früchte können gegessen werden.

Wildkräutersalat mit Ulmenblättern

Verschiedene Wildkräuter wie Giersch, Vogelmiere, Sauerampfer, Löwenzahn usw. sammeln. Wem ein reiner Wildkräutersalat zu »gesund« schmeckt, kann natürlich auch normalen Gartensalat verwenden oder untermischen. Einige wenige Ulmenblätter dazugeben und einige in Teig ausgebackene Buchen- oder Brennnesselblätter. Dressing nach Wahl.

DIE RINDE DER ULME

Wenn in der Volksmedizin von der Ulmenrinde gesprochen wird, ist vermutlich meist die Feld-Ulme *(Ulmus minor)* gemeint. Die Rinde der Ulme ist ein traditionelles Heilmittel, das durch den Gerbstoffgehalt entzündungshemmend und reizlindernd auf Schleimhäute wirkt. Besonders bei Beschwerden im Mund- und Rachenraum sowie im Magen-Darm-Trakt wurde sie genutzt. Bekannt sind auch Umschläge bei Wunden und chronischen Ekzemen.
Die Ulme als Bachblüte 'Elm' wird bei Menschen angewendet, die zu viel Verantwortung übernehmen und dadurch in eine Krise geraten.

Heide-Wacholder

Juniperus communis · Zypressengewächse · April–Juni · H 3–5 m

MERKMALE: Strauch- oder baumartiger Wuchs. Nadeln sind bis zu 2 cm lang, steif, stechend und graugrün und jeweils zu dreien in einem Quirl angeordnet. Auf der Oberseite der Nadeln ist ein weißer Streifen mit grünen und schmalen Bändern. An den kurzen Seitensprossen in den Blattachseln finden wir die Blüten. Männliche gelbliche Blüten sind größer als weibliche grüne Blüten. Im 1. Jahr sind die kugeligen Beerenzapfen noch hart und grün. Im 2. Jahr werden die Beeren schwarzblau mit einem aromatischen Duft.

VORKOMMEN: Trockene, warme, steinige Standorte z. B. Kalkmagerrasen, Magerweiden, lichte Wälder und an Felsen.

VERWECHSLUNG: Sadebaum (*Juniperus sabina*), stark giftig und eher kriechend wachsend. Triebe und Früchte sehen ähnlich aus!

VIELSEITIG VERWENDBAR

Der Gemeine Wacholder gehört zur Familie der Zypressengewächse und ist das Nadelgehölz, das auf der Erde am weitesten verbreitet ist. Er kann ein Alter von bis zu 600 Jahren erreichen. Nicht verwechseln sollte man den Wacholder mit dem sehr giftigen Sadebaum (*J. sabina*), der auch Stink-Wacholder, Gift-Wacholder, Sefistrauch oder Sebenstrauch genannt wird. Früher kam der Sadebaum in vielen Bauerngärten vor, mittlerweile ist er sehr selten geworden. Wacholderholz, Zweige und Beeren werden gerne wegen der reinigenden und desinfizierenden Eigenschaften zum Räuchern verwendet.

Der sehr giftige Sadebaum wird heute fast nicht mehr gepflanzt.

WACHOLDERBEEREN IN DER KÜCHE

In der Küche werden die Wacholderbeeren, die eigentlich Zapfen sind, als typisches Gewürz zur Sauerkrautherstellung, in Soßen und Fleischgerichten, besonders für Wildbret, verwendet. Am intensivsten ist der Geschmack, wenn die Wacholderbeeren unmittelbar vor der Verwendung zerdrückt werden. Bekannt sind auch Magenbitter, Liköre, Schnaps oder Gin aus den Wacholderbeeren. Auch zum Pökeln von Fisch oder Fleisch sind die zerstoßenen Beeren ein geschätztes Gewürz. Das Holz des Wacholders wird zum Räuchern von Fisch oder Fleisch verwendet.

Wacholderlikör

Etwa 40 g Wacholderbeeren mit einem Mörser zerstoßen und ca. 1 EL Wacholdernadeln klein hacken. In eine weithalsige 1L Flasche 250 g Kandiszucker, die Nadeln und Beeren einfüllen und mit 0,75 L Wodka übergießen. Den Ansatz 4–6 Wochen bei Zimmertemperatur ziehen lassen und gelegentlich aufschütteln. Danach den Likör durch ein Tuch abseihen und in geeignete Flaschen füllen.

DUFTENDES UND HEILENDES ÖL

Die Wacholderbeeren und ihr ätherisches Öl haben in Salben und Badezusätzen in der Heilkunde eine große Bedeutung. Vorwiegend wird es aber auch zur Verdauungsförderung verwendet, z. B. bei Aufstoßen, Sodbrennen oder Völlegefühl. In der Volksheilkunde werden die Beeren weiterhin zur Unterstützung einer Rheuma- und Gichttherapie eingesetzt und zur Anregung der Harnausscheidung.
Bei längerer Anwendung oder zu hoher Dosierung kann eine Schädigung des Nierengewebes eintreten.

Walnuss

Juglans regia · Walnussgewächse · April–Mai · H 15–25 m

MERKMALE: Baum. Die Blätter sind wechselständig angeordnet, unpaarig gefiedert, bis 40 cm lang und haben einen 3–5 cm langen Blattstiel. Blattoberseite ist mittel- oder dunkelgrün, die Blattunterseite heller mit kleinen Drüsen und Haaren (Lupe) in den Nervenwinkeln. Beim Zerreiben entsteht ein aromatischer Geruch. Männliche Blüten in bis zu 10 cm langen Kätzchen, unauffällige weibliche Blüten beim Austreiben mit den Blättern. Silbrige, z.T. fast weiße Rinde. Die Nüsse reifen im September–Oktober und sind von einer grünen Schale umgeben.

VORKOMMEN: Gärten, Parks, Solitärbaum, feuchte Schluchtwälder.

VERWECHSLUNG: Schwarznuss (*Juglans nigra*), meist in Parkanlagen zu finden.

DAS WERTVOLLSTE HOLZ

Die Walnuss gehört zu den ältesten Bäumen, die wir kennen. Im alten Griechenland und auch bei den Römern galt die Walnuss als Speise der Götter und als Sinnbild der Fruchtbarkeit. Die Römer kultivierten die Walnuss bereits in weiten Teilen ihres Gebiets. Empfindlich reagieren die Bäume auf extreme Winterkälte und Spätfrost, deshalb kommt sie auch gehäuft in wärmeren Weinbauregionen vor.
Das Walnussholz gilt als das wertvollste und begehrteste Holz des Waldes. Besonders die Möbel- und Furnierindustrie schätzt das dunkelbraune und edle Holz.

Bereits am Baum platzt bei Reife die grüne, schützende Schale auf.

GESUNDE NÜSSE

Ursprünglich waren die Nüsse viel kleiner als wir sie heute finden können. Die sehr fetten und auch kalorienreichen Walnüsse besitzen einen sehr hohen Gehalt an einfach und mehrfach ungesättigten Fettsauren. Aus ihnen wird ein tolles Speiseöl gepresst. Weiter enthalten sie viele Vitamine, Kalium, Zink, Magnesium, Eisen und Kalzium. Der Verzehr von einigen Nüssen pro Tag soll Herz-Kreislauf-Erkrankungen vorbeugen und die Blutfettwerte günstig beeinflussen. Die Nüsse können roh verzehrt werden und schmecken toll als Belag auf Butterbrot, für Kuchen, Torten, Weihnachtsplätzchen, Eiscreme oder auch als leckere Beilage zu einem frischen Salat.
Aus den noch grünen und halb reifen Nüssen kann man den besten Magenbitter, den ich kenne, ansetzten! Dazu 0,5 L Kornschnaps, 10 grüne, unreife, klein geschnittene Nüsse, eine Handvoll Wacholderbeeren, 10 Nelken und 2 Stangen Zimt ansetzen. Alles zusammen etwa 6 Wochen stehen lassen und dann absieben.

HAUTAUSSCHLÄGE BEHANDELN

Wegen des hohen Gerbstoffgehalts werden hauptsächlich die getrockneten Blätter für Waschungen, Umschläge oder Teilbäder genutzt. Hier können sie bei Ekzemen, Hautauschlägen, Akne oder auch bei Schweißfüßen helfen.

Salat mit Walnüssen und Käse

In einer fettfreien Pfanne eine Handvoll Walnüsse anrösten. Die Temperatur sollte dabei nicht zu hoch sein. Nach dem Abkühlen die Nüsse über einen Salat der Wahl geben. Hartkäse darüber raspeln und mit Walnussöl oder Balsamico verfeinern. Dazu ein frisches Baguette mit Kräuterbutter. Mehr braucht man nicht!

Eingriffliger Weißdorn

Crataegus monogyna · Rosengewächs · Mai–Juni · H 2–6 m

MERKMALE: Mehrstämmiger Baum oder Strauch. Der Eingrifflige Weißdorn ist ein stark verzweigter sparriger, kleiner Strauch oder mittelgroßer Baum. Die Blätter sind 3–7-teilig, bis weit über die Blattmitte geteilt, Blattrand gesägt oder gekerbt und wechselständig angeordnet. Blüten mit nur 1 Griffel. Die Rinde ist dunkelbraun mit orangefarbenen Sprüngen. Kugelige, rote Früchte, meist mit einem Kern.
VORKOMMEN: Sonnige, kalkhaltige und lehmige Standorte. Entlang von Waldrändern und Heckensäumen.
VERWECHSLUNG: Zweigriffliger Weißdorn (*Crataegus laevigata*), Blätter 3–5-teilig und nur bis zur Mitte geteilt. Blüte mit 2–3 Griffeln. Früchte mit 2–3 Kernen. Gleiche Anwendung.

SCHUTZ VOR FEINDEN

Wer schon einmal versucht hat durch eine Weißdornhecke zu kommen, kann sich gut vorstellen, warum unsere Vorfahren diese Pflanze zum Schutz vor Tieren oder Feinden um ihre Behausungen pflanzten. Mit ihren Stacheln stellt sie ein fast unüberwindliches Hindernis dar. Darauf weist auch der alte Name »Hagedorn« hin, was Hecke oder Umzäunung bedeutet. Bereits die Germanen verwendeten die roten Beeren des Weißdorns, um daraus Mus zu kochen oder sie auch roh zu essen. Neben Esche und Eiche gehörte der Weißdorn in der Keltischen Sagenwelt zu den drei heiligen Bäumen. Das sehr widerstandsfähige Holz des Weißdorns ist sehr hart und wurde deshalb gerne zum Werkzeugbau verwendet. Weißdorn kann mehrere 100 Jahre alt werden.

Die jungen Triebe und Blätter schmecken im Frühjahr mit ihrem nussartigen Geschmack sehr lecker als Beigabe in Salaten. Die kandierten, weißen Blüten können im Mai und Juni in süßen Desserts oder in Kräuterlikören genutzt werden. Die mehligen Früchte des Weißdorns sind roh essbar und schmecken säuerlich süß. In der Küche können sie zu Kompott oder Gelee verarbeitet werden und eignen sich dabei zum Mischen mit anderen Früchten, da sie gut gelieren. Auch Likör oder Wein lässt sich wunderbar aus den Beeren herstellen.

Die Arzneipflanze 2019 – Weißdorn wird seit Jahrhunderten zur Herzstärkung eingesetzt.

Weißdornlikör

Etwa 500 g gewaschene Weißdornbeeren mit 200 g Kandiszucker und 1 Vanilleschote in eine weithalsige Flasche füllen. Mit 1 L Wodka übergießen. Die Beeren sollten mit dem Wodka vollständig bedeckt sein, damit sie nicht schimmeln. Am besten den Likör jeden Tag mit einem Löffel durchrühren. Nach 6 Wochen abseihen und abfüllen.

WEISSDORN – DAS HERZMITTEL

Weißdorn gilt als bestes Heilmittel der Volksmedizin für Herz und Kreislauf. Bereits seit dem 14. Jahrhundert nutzten es Heilkundige als herzstärkendes Mittel. Besonders die Weißdornblätter und -blüten verbessern die Durchblutung des Herzmuskels, normalisieren die Herzschlagfrequenz, schützen die Herzkranzgefäße und steigern die Sauerstoffversorgung. Besonders bei nachlassender Leistungsfähigkeit älterer Menschen und Nervosität sowie Einschlafstörungen, Kopfschmerzen und Migräne, wird Weißdorn als Tee, Tropfen oder in Tablettenform angewandt und sollte über längere Zeit eingenommen werden.

Kultivierte Bäume und Sträucher

Kultur-Apfel

Malus domestica · Rosengewächse · April–Mai · H 5–15 m

MERKMALE: Baum in verschiedenen Zuchtformen. Die Blätter sind wechselständig angeordnet, oval bis eiförmig oder elliptisch und mit meist gesägtem Rand. Blüten stehen einzeln oder in doldigen Schirmrispen. Diese sind 5-zählig und zwittrig. Die 5 Kronblätter sind weiß oder leicht rosa. Im knospigen Zustand immer deutlich rötlich. Den Apfel als Frucht, gibt es in sehr verschiedenen Formen, Größen, Farbe und auch Geschmacksvariationen.
VORKOMMEN: Streuobstwiesen, Solitärbaum, Obstplantagen und Gärten.
VERWECHSLUNG: Wildapfel *(Malus sylvestris)*, Frucht wird nur bis zu 4 cm groß und hat keine Rotfärbung.

WIE KAM DER APFEL ZU UNS?

Die ursprüngliche Heimat des Kultur-Apfels liegt vermutlich in Südwestchina. Andere Quellen sprechen vom Kaukasus, dem Balkan oder dem Gebiet östlich des Schwarzen Meeres als Wiege des Kernobstes. Die ältesten Nachweise in Mitteleuropa stammen aus der Jungsteinzeit.
Heute geht man davon aus, dass unser Kultur-Apfel nicht von unserem Wild-Apfel *Malus sylvestris* abstammt, sondern von verschiedenen Wildarten aus Mittelasien und dem Kaukasus. Die Römer brachten diesen Baum mit nach Europa, wo er sich immer weiter verbreitete. Bereits im Jahre 1170 wird der Borsdorfer Apfel von Zisterziensern erwähnt. Schon um 1880 sollen weltweit mehr als 20 000 Apfelsorten kultiviert worden sein. Die Unterscheidung dieser unglaublichen Sortenvielfalt ist die Aufgabe der Pomologen.

DIE WICHTIGSTE OBSTSORTE

Äpfel haben unter den Obstsorten die größte Bedeutung und können heute gut gelagert und transportiert werden. Neben dem Anbau im eigenen Garten finden wir die größten Anbaugebiete in Sachsen-Anhalt, Baden-Württemberg und im sogenannten »Alten Land« bei Hamburg.

Apfelchips

Wichtig ist, dass die Apfelscheiben in möglichst gleich dünne Scheiben geschnitten werden. Dann in der Backröhre bei ca. 40–50 °C so lange dörren, bis die Apfelscheiben wirklich trocken sind. Ich nutze ein Dörrgerät, bei dem ich auf mehreren Etagen viele Äpfel gleichzeitig und schonend dörren kann.

Die Auswahl an Apfelsorten ist riesengroß – hier die Sorte »Saturn«.

Am häufigsten essen wir Äpfel sicherlich einfach roh – dennoch gibt es unzählige Apfelrezepte. Sehr beliebt ist der Apfelkuchen, Getränke mit und ohne Alkohol usw. Ich finde auch getrocknete Apfelchips als Zwischenmahlzeit sehr lecker.

»ONE APPLE A DAY KEEPS THE DOCTOR AWAY!"

Dieser Satz allein sagt schon alles darüber aus, wie wertvoll der Verzehr von Äpfeln für uns ist. Er wirkt abführend, keimtötend, hat viele Ballaststoffe und ist gut für den Magen. Regelmäßiger Verzehr soll das Risiko von Herz- und Gefäßerkrankungen senken. Auch Bronchial- und Lungenerkrankungen sollen positiv beeinflusst werden. Enthaltene Flavonoide, Pektine, Polyphenole und Carotinoide haben eine antioxidative Wirkung und scheinen auch das Krebsrisiko zu mindern.

Aroniabeere, Kahle Apfelbeere

Aronia melanocarpa · Rosengewächse · Mai–Juni · H 1–3 m

MERKMALE: Strauch oder auch kleiner Baum. Die Blätter fühlen sich etwas ledrig an, sind eiförmig zugespitzt und am Rand fein gesägt. Blattaustrieb erfolgt von April–Mai. Tolle, leuchtend rote Herbstfärbung. Die reinweißen Blütendolden bestehen, je nach Aroniasorte, aus 10–30 einzelnen Blüten. Diese verströmen einen markanten Geruch, der dem der Eberesche *(Sorbus aucuparia)* ähnelt. Der Geschmack der Beeren ist herb-süßlich.

VORKOMMEN: Gärten und Parks und Obstplantagen.

VERWECHSLUNG: Filzige Apfelbeere *(Aronia arbutifolia)*, Beeren etwas kleiner und mit einer weißlichen Wachsschicht bedeckt. Eberesche *(Sorbus aucuparia)*, Beeren intensiv rot.

WUNDERBEERE ARONIA

Die Aroniabeere hat in den letzten Jahren als Powerpflanze und Superfood unglaublich an Aufmerksamkeit gewonnen. Die Pflanze stammt ursprünglich aus Nordamerika und wurde von den dortigen Ureinwohnern sehr geschätzt. Im Laufe der Zeit kam sie über Russland und Osteuropa, vor mehr als 100 Jahren, nach Mitteleuropa und nach Deutschland. Ihre heilende Wirkung ist in Osteuropa bereits seit über 50 Jahren bekannt und wird entsprechend genutzt. Da die Aroniapflanze erst spät im Mai zu blühen beginnt, bleibt sie meist vor Spätfrösten und deren Konsequenzen verschont. Die Aronia kann als Solitärstrauch, Kübelpflanze oder auch schützende Hecke gepflanzt werden. Wichtig ist immer ein sonniger Standort, denn je mehr Sonne, desto mehr Fruchtzucker kann in den Früchten gebildet werden.

VIELSEITIG VERWENDBAR

Aronia ist voller Vitamine, Mineralstoffe und Spurenelemente, die für eine gesunde Ernährung wichtig sein können. Aroniabeeren enthalten den höchsten in Obst gemessenen Wert an roten und blauen Pflanzenfarbstoffen. So werden der Saft und auch der Trester zum Färben verwendet. Daher ist es besser beim Pflücken und Verarbeiten von Aroniabeeren, Handschuhe zu tragen. Die vollreife Frucht erkennt man gut am dunklen Fruchtfleisch. Aus den Beeren wird hauptsächlich Saft, Mus und Marmelade hergestellt, aber auch der Trester kann zum Kochen und Backen verwendet werden.

Aroniasaft

Am einfachsten geht dies mit einem Dampfentsafter, wie man das auch mit anderen Beeren machen kann. Die Saftausbeute liegt bei ca. 84 %. So kann man z. B. aus 3 kg Beeren ca. 2,5 L Direktsaft gewinnen. Den Saft sofort in heiß ausgespülte Flaschen füllen und nach dem Abkühlen mit einer Schrumpfmanschette verschweißen.

Die Filzige Apfelbeere hat etwas kleinere Früchte und bereifte Beeren.

GESUNDHEITSBEERE ARONIA

In vielen Bereichen wird heute vor allem der Saft der Aroniabeere zur Vorbeugung und zu Heilzwecken genutzt. Bekannt ist das kurmäßige Trinken bei allen Arten von Herz-Kreislauf-Erkrankungen und Durchblutungsstörungen. Der Saft soll auch blutdruckregulierend sein. Seine immunstimulierende Wirkung nutzt man bei Erkältungen und bei allgemeiner Schwäche.

Kultur-Birne

Pyrus communis · Rosengewächse · April–Mai · H 10–20 m

MERKMALE: Baum oder Strauch, z.T. mit Dornen. Die wechselständig angeordneten Blätter sind fein gezähnt, gekerbt oder ganzrandig, meist breit-oval und besitzen eine deutlich stark glänzende Oberseite. Die etwas streng riechenden, traubigen Blüten erscheinen vor oder zusammen mit den Blättern. Die Rinde ist würfelartig und grau-braun. Früchte können rundlich, länglich, gerade, gebogen und von grün über gelb bis hin zu rötlich sein.
VORKOMMEN: Solitärbaum, Obstgärten, Streuobstwiesen.
VERWECHSLUNG: Wild-Birne (*Pyrus* pyraster), kleine und meist rundliche Früchte.

BEKANNT SEIT HOMERS ZEITEN

Die Entwicklung zur heutigen Kultur-Birne lässt sich nur noch teilweise rekonstruieren. Bereits zu Homers Zeiten war eine Form der heutigen Birne im Mittelmeerraum schon sehr verbreitet. Im Laufe der Zeit wurden immer weitere Birnensorten gezüchtet. Im 17. Jahrhundert waren allein in Frankreich schon etwa 300 Sorten bekannt. Heute gibt es weltweit mehr als 5000 Birnensorten. Die Urformen stammen, nach derzeitigen Kenntnissen, von westasiatischen und europäischen Wild-Birnen, wie z. B. der heimischen Holz-Birne *(Pyrus pyraster)* ab.

Die Früchte der Kultur-Birnen sind viel größer als die der Wild-Birnen.

ERNTE VOR DER REIFE

Je nach Sorte liegt die Erntezeit der Birnen zwischen August und Ende Oktober. Wichtig ist, dass die Ernte noch vor der Vollreife, ohne Druckstellen an den Früchten, erfolgt. So kommen auch noch unreife Birnen in den Handel, die zu Hause noch endgültig nachreifen können. Der Vitamin-C-Gehalt einer Birne deckt etwa 7 % des Tagesbedarfs eines Erwachsenen und ist damit eine echte Vitaminbombe. Hinzu kommen noch Folsäure und Mineralstoffe wie Eisen, Kalium, Kupfer, Jod, Magnesium, Phosphat und Zink. Durch den hohen Gehalt an Kalium wirkt die Frucht entwässernd und lindert Nieren- und Blasenprobleme. Die meisten dieser wertvollen Stoffe befinden sich in der Schale. Frische Birnen schmecken roh am besten.
Für den Winter kann man aus Birnen aber auch wunderbar Dörrobst, Saft oder Kompott herstellen.

BIRNE MACHT SATT

Gekocht macht die gute Mischung von Mineralstoffen, Spurenelementen und Ballaststoffen, verbunden mit dem niedrigen Säuregehalt der Früchte, die Birne zu einer idealen Schonkostfrucht. Durch ihren hohen Gehalt an Ballaststoffen sättigen Birnen schnell und fördern die Verdauung. Weiterhin soll die Birne antibakteriell und bei Blutarmut, Nierenstein, Blasenentzündungen, Schnupfen, Gicht und Rheuma helfen. Besonders hervorzuheben ist der sehr hohe Gehalt an Folsäure.

Birnen Helene einfach

150 ml trockenen Weißwein, 2 EL Zucker und 1 Zimtstange in einen kleinen Topf geben. Dann 2 geschälte, entkernte und geviertelte Birnen 20–30 Minuten darin dünsten. Birnen mit Sahne, Schokoladensoße und Eis anrichten.

Bocksdorn

Lycium barbarum · Nachtschattengewächse · Juni–August · H 2–4 m

MERKMALE: Strauch mit langen, überhängenden und dornenbesetzten Zweigen. Die Blätter sind graugrün, etwa 3–8 cm lang, lanzettförmig, ganzrandig und sitzen einzeln oder gegenständig am Ast. Sie sind anfangs behaart und verkahlen später. Der purpurne bis violette Blütenstand enthält eine oder mehrere Blüten mit einem 1–2 cm langen Blütenstiel. Die leuchtend roten oder orange-gelben Beeren reifen von August–Oktober. Jede Frucht enthält 4–20 Samen.
VORKOMMEN: Zierpflanze in Parks und Gärten, verwildert an Mauern, Hecken und Zäunen.
VERWECHSLUNG: Bittersüßer Nachtschatten *(Solanum dulcamara)*, mit ebenfalls roten Beeren.

GOJIBEERE – DAS WUNDERMITTEL

Andere Namen für den Gewöhnlichen Bocksdorn sind Gemeiner Teufelszwirn, Hexenzwirn, Chinesische Wolfsbeere oder auch Gojibeere. Heute gehen wir davon aus, dass sein natürliches Verbreitungsgebiet in Südeuropa bis China liegt. Von wo aus dieser Strauch letztendlich seine Reise in unsere Gefilde antrat, ist nicht sicher bekannt. Früher galten die roten Beeren als giftig. Die Untersuchungen der Pflanze gehen bis Ende des 19. Jahrhunderts zurück und sind heute nicht mehr haltbar. Die auffälligen Früchte sind essbar und von angenehmer Süße. Sie genießen derzeit den Ruf als wahres Wundermittel. Der hohe Vitamin- und Mineralstoffgehalt setzt sich aus Betain, Aminosäuren, Proteinen, Eisen, Zink, Magnesium, Selen, Vitamin A und Vitamin C zusammen. Außerdem hat sie mehr Vitamin B2 als jede andere bekannte Frucht.

Die Gojibeeren, wie die Beeren auch genannt werden, sind derzeit in aller Munde und man bezahlt entsprechende Preise für die getrockneten Beeren. Die zierlichen länglichen Früchte erinnern geschmacklich an eine Mischung aus Cranberries und Kirschen. Meistens findet man die Beeren getrocknet, oder zu Tee und Saft verarbeitet, im Verkauf. Sehr lecker schmecken Gojibeeren in Soßen, Suppen, Salaten, Müsli oder in einem selbst hergestellten Powerriegel.

Die filigrane Blüte hat 5 ausgebreitete Kranzzipfel, die Blätter sind lanzettlich.

Gojibeeren-Powerdrink

Für einen leckeren Powerdrink zum Tagesbeginn etwa 30 g getrocknete Gojibeeren, mit 100 ml Orangensaft, 1–2 Blättern Minze und etwa 150 g Früchte nach Wahl in ein hohes Gefäß geben. Mit einem Mixer fein pürieren und genießen.

SCHLÜSSEL ZUR GESUNDHEIT

Die Gojibeere hat schon sehr lange im zentralasiatischen Raum große Bedeutung für ein gesundes und langes Leben. Neuere Untersuchungen bestätigen ihre positive Wirkung zur Stärkung des Immunsystems, zum Aufbau einer gesunden Darmflora, zur Entgiftung, für gesunde Augen und bei chronischen Entzündungen. Das Herzinfarkt- und Schlaganfallrisiko soll gesenkt werden und die Beeren sollen sich zur Prävention von Arthrose, Infektionen und Krebs eignen. Allerdings ist zu beachten, dass Gojibeeren offensichtlich bei einigen Menschen eine Wechselwirkung mit Blutverdünnern bewirken können.

Feige

Ficus carica · Maulbeergewächse · April–Juni · H 2–10 m

MERKMALE: Strauch oder kleiner Baum mit Milchsaft. Die bis zu 20 cm großen und gelappten Blätter sind wechselständig angeordnet, Blattrand unregelmäßig gezähnt. Rauhaarige und dunkelgrüne Blattoberseite. Die hellere Blattunterseite ist mit flaumigen Haaren bedeckt. Oft gedrehter Stamm mit glatter oder hellgrauer Rinde. Bis zu 8 cm große birnenförmige oder runde Früchte mit einer samtigen Haut. Je nach Sorte können die Früchte grün bis dunkelviolett sein. Das weißlich bis rötliche Fruchtfleisch ist bei der Reife weich und saftig.

VORKOMMEN: Vollsonniger und geschützter Platz, geringe Ansprüche an den Boden.

VERWECHSLUNG: Keine.

ÄLTESTE DOMESTIZIERTE NUTZPFLANZE

Im natürlichen Verbreitungsgebiet nutzten alle Hochkulturen die Feige als Nahrungsmittel. Sie wurde schon sehr früh domestiziert, vermutlich noch vor dem eigentlichen Ackerbau. Die Assyrer bauten sie schon 3000 v. Chr. in ihren Gärten an und in Griechenland wurde sie um 700 v. Chr. eingeführt. Sie galt in der griechischen und römischen Mythologie als ein Symbol für Fruchtbarkeit und Sexualität. Bei uns kommen Feigen in Botanischen Gärten, Parks und besonders an geschützten Mauern vor. Feigen lassen sich auch in größeren Pflanzkübeln kultivieren. Beim Kauf sollten Sie auf selbstfruchtende und auch winterharte Sorten, wie z. B. 'Violetta', achten.

Die Feige führt einen Milchsaft, der bei Hautkontakt und gleichzeitigem Sonnenlicht zu einer Fotodermatose führen kann.

Je nach Sorte können die Früchte grün bis dunkelviolett sein.

WANN BIN ICH DENN REIF?

Bei den verschiedenen kultivieren Sorten variieren die Farben sehr und die Reife lässt sich letztendlich nur durch Ertasten feststellen. Geben die Früchte auf sanften Daumendruck deutlich nach, ist der Erntezeitpunkt da. Wie die meisten Früchte schmecken auch die Feigen frisch verzehrt am besten. Aber auch Kompott aus Feigen oder getrocknete Früchte sind eine Köstlichkeit. Weiter werden aus Feigen Dessertweine, Feigenkäse und aus den gerösteten Früchten, Feigenkaffee hergestellt. Nicht zu vergessen der leckere Feigensenf!

Feigensenf

200 g getrockneter Feigen klein schneiden und diese zusammen mit 200 ml Apfelsaft ca. 10 Minuten zugedeckt köcheln lassen, dann pürieren. 130 g Gelierzucker 3:1 und 100 g mittelscharfen Senf dazugeben. Noch mal kurz aufkochen lassen und in kleine, heiße Twist-off-Gläser füllen. Zum Abkühlen die Gläser auf den Kopf stellen.

REICH AN BALLASTSTOFFEN

Feigen werden als mildes Abführmittel sehr geschätzt. In der Volksmedizin wird außerdem die weiße Milch, die beim Entfernen der Blätter von den Zweigen ausläuft, zur Linderung von Insektenstichen und zur Beseitigung von Warzen angewendet. Feigen sind darüber hinaus ein echtes Superfood: reich an Vitaminen, Kalium, Kalzium, Magnesium und Eisen und ausgestattet mit verdauungsfördernden Enzymen und sättigenden Ballaststoffen.

Ginkgo

Ginkgo biloba · Ginkgogewächse · April–Mai · H 20–40 m

MERKMALE: Baum. Sehr charakteristische, meist gelappte, fächerförmige Blätter. Die Blätter können bis zu 10 cm breit werden, sind tiefgrün, gabelnervig, unbehaart, vorne auffallend wellenförmig gebuchtet und in der Blattmitte eingekerbt. Auffallend ist der lange Stiel. Sehr schöne gelbe Herbstfärbung. Die Rinde ist bei jüngeren Exemplaren graubraun und wird mit zunehmendem Alter dunkelgrau. Die gelblichen und etwa pflaumengroßen Ginkgosamen sehen Mirabellen ähnlich. Das reife Fruchtfleisch verbreitet einen sehr unangenehmen Geruch nach ranziger Butter.
VORKOMMEN: Als Solitärbaum auf öffentlichen Plätzen, Parks und Gärten.

VERWECHSLUNG: Die sehr markanten, fächerförmigen Blätter machen den Ginkgo unverwechselbar.

EIN LEBENDES FOSSIL

Die ersten Vorfahren des heutigen Ginkgos besiedelten die Erde bereits vor 250–300 Millionen Jahren. Bereits in der Kreidezeit zog sich diese Baumart nach Ostasien zurück. Heute finden wir deshalb auch natürliche Vorkommen nur noch in Teilen Chinas. Durch holländische Seefahrer fand der Ginkgo seinen Weg von Asien nach Europa. Ginkgobäume werden heute weltweit oft als Symbolbaum für ein langes Leben, Fruchtbarkeit, Hoffnung und Anpassungsfähigkeit angepflanzt. Sie können über 1000 Jahre alt werden. Obwohl der Ginkgo wie ein Laubbaum aussieht, gehört er botanisch gesehen zu den Nadelgehölzen. Als Ginkgonuss bezeichnet man den runden essbaren Kern der weiblichen Blüten. Besonders in China ist er seit Jahrtausenden ein bekanntes und geschätztes Nahrungsmittel. Dort werden die Kerne meist geröstet oder blanchiert gegessen. Die Konsistenz ist unserer Kartoffel sehr ähnlich und der Geschmack erinnert an Kichererbsen bzw. Pistazien. Sie eigen sich besonders zu Salat, Soßen oder Desserts. In der asiatischen Küche werden gehackte und geröstete Kerne als Gewürz verwendet.

Als Ginkgonuss bezeichnet man die essbaren Ginkgosamen der weiblichen Blüten.

Ginkgo-Nüsse mit Tofu und Auberginen

Braten Sie in einer Pfanne 50–100 g zerkleinerten Räuchertofu kross an. 1 Aubergine in Scheiben schneiden und weich dünsten. Geben Sie einige Minuten vor Ende der Garzeit ca. 15–20 Ginkgonüsse hinzu. Nun das Ganze vermischen und nach Belieben mit Salz, Pfeffer und, je nach Geschmack, vielleicht Pesto würzen. Alternativ können Sie auch etwas Sojasoße dazugeben.

LANGES GEDÄCHTNIS

Blätter, Baumrinde und die Früchte werden bereits seit dem 11. Jahrhundert in China zu Heilzwecken aber auch zur Schönheitspflege genutzt. Bei uns sind Hauptanwendungsgebiete unter anderem Demenz, Tinnitus, Asthma, Durchblutungsstörungen, Schwindel, Migräne und Konzentrationsstörungen. In der Homöopathie wird Ginkgo bei Kopfschmerzen und Mandelentzündung verwendet. Die wesentlichen Inhaltstoffe des Ginkgos sind Flavonoide, Bilobalide und Ginkgolide. Ginkgo gilt als Radikalenfänger in unserem Körper und macht das Blut dünnflüssiger. Menschen die Blutverdünner einnehmen, sollten Ginkgopräparate nur nach Rücksprache mit ihrem Arzt zu sich nehmen.

Schwarze Johannisbeere

Ribes nigrum · Stachelbeergewächse · April–Mai · H 1–2 m

MERKMALE: Sommergrüner, stachelloser Strauch. Rundliche, 3–5-lappige und bis zu 10 cm breite Blätter, Blattoberseite kahl, Blattunterseite behaart, mit sitzenden gelblichen Drüsen. Die eher unscheinbaren Blüten sind in hängenden Trauben angeordnet. Runde, schwarze, etwa 1 cm große Beeren reifen von Juli–August.
VORKOMMEN: Auf nährstoffreichen, tonigen, feuchten bis nassen Böden. Auwälder, Moorgebiete, Erlenbrüche und Gärten. Verwilderte Pflanzen kommen auch mit trockenen Standorten zurecht.
VERWECHSLUNG: Rote Johannisbeere *(Ribes rubrum)*, Alpen-Johannisbeere (*Ribes alpinum)*, beide mit roten Beeren.

NATÜRLICHE VORKOMMEN ODER KULTIVIERT?

Seit etwa dem 16. Jahrhundert wird die Schwarze Johannisbeere in Mitteleuropa kultiviert. Heute geht man davon aus, dass in Nordosteuropa bereits wesentlich früher eine gärtnerische Nutzung erfolgte. Die natürliche Verbreitung in unserer Region lässt sich heute nicht mehr nachverfolgen, da natürliche Vorkommen und kultivierte Pflanzen nicht zu unterscheiden sind. Heute werden in unseren Gärten entweder Sträucher oder kleine Hochstämme gepflanzt. Pflanzen kann man die Schwarze Johannisbeere im Halbschatten oder auch an sehr sonnigen Standorten.

DAS SUPERFOOD UNTER HEIMISCHEN BEEREN

Von allen gängigen heimischen Obstsorten hat die Schwarze Johannisbeere mit den höchsten Vitamin-C-Gehalt und ist reich an Kalium, Kalzium, Eisen, Magnesium und Ballaststoffen. Besonders wertvoll sind auch die antioxidativ wirkenden sekundären Pflanzenstoffe.
Die reifen, schwarzen Beeren können direkt vom Strauch genascht werden. Sie schmecken natürlich auch sehr lecker als Saft, Marmelade, Gelee, Sirup, Likör oder im Müsli sowie als Kuchen- oder Tortenbelag. Die frischen, jungen Blätter schmecken lecker als Beigabe zu Kräuter- und Gemüsesuppen oder die getrockneten Blätter als Teegetränk.

Die Rote Johannisbeere kann für die gleichen Rezepte verwendet werden.

Fruchtiger Lassi mit Schwarzen Johannisbeeren

Nehmen Sie 500 g Naturjoghurt mit 3,5 % Fett, 250 g Schwarze Johannisbeere, 300–500 ml Wasser für die gewünschte Konsistenz, flüssigen Honig nach gewünschter Süße, 1 Blatt Pfefferminze, Zitronenmelisse und 1 Vanilleschote. Das Ganze mit einem Mixer gründlich mixen und genießen.

ZUR VORBEUGUNG UND STÄRKUNG

Bedingt durch die zahlreichen, wertvollen Inhaltsstoffe gilt die Schwarze Johannisbeere als die wertvollste heimische Beerenart. In der Volksheilkunde werden die getrockneten Blätter zur Förderung der Harnausscheidung in Blasen- und Nierentees verwendet. Den Saft oder Sirup der Beeren nutzt man zur Vorbeugung von Infekten und allgemein als Stärkungsmittel. Die getrockneten Beeren werden, zur unterstützenden Behandlung von Erkältungskrankheiten, meist als Tee verwendet.

Sauer-Kirsche

Prunus cerasus · Steinobstgewächse · April–Mai · H 7–10 m

MERKMALE: Baum mit aufrechtem, mäßig verzweigtem Wuchs. Blätter 5–12 cm lang, 4–6 cm breit, elliptisch eiförmig, meist zugespitzt und wechselständig angeordnet. Die Blattoberfläche ist glänzend und etwas lederig, die Blattunterseite mit schwacher Behaarung an den Nerven. Der Blattrand ist fein und oft doppelt gesägt. Weiße Blüten zu 2–4 in sitzenden Dolden angeordnet. Rötlichbraune, glänzende Rinde, die eine Ringelborke entwickelt. Die rundlichen Steinfrüchte sind bis zu 2 cm groß, hell- bis schwarzrot und schmecken säuerlich.

VORKOMMEN: Lockere, leichte, nährstoff- und basenreiche Lehmböden. Hecken, Weinberge.

VERWECHSLUNG: Süß-Kirsche *(Prunus avium)*, Früchte meist größer, gelb-rot bis schwarz-rot gefärbt, mit süßem Geschmack.

KIRSCHE AUS DER ANTIKE

Die Sauer-Kirsche galt bereits in der Antike als schmackhafte und nahrhafte Obstsorte. Ihr natürliches Vorkommen soll an der Küste des Schwarzen Meeres oder im ostasiatischen Raum gelegen haben. Heute werden Sauer-Kirschen fast auf der gesamten Nordhalbkugel in Gärten, Plantagen oder Parks kultiviert. Die Farbe der bis zu 2 cm großen Steinfrüchte reicht von hellrot bis fast schwarz. Zur Reifezeit suchen, angelockt durch die attraktiven Farben, viele Vögel die Bäume zur Nahrungssuche auf. Über ihren Kot verbreiten sie die Sauer-Kirschen weiter.

BESSER FÜR KUCHEN GEEIGNET

Wie der Namen schon sagt, schmecken die Sauer-Kirschen saurer als die Süß-Kirschen. Weiter haben sie dünnere Äste, gerne überhängende Zweige und die Blätter sind kleiner. Sauer-Kirschen blühen später und die Früchte sind im Gegensatz zur Süß-Kirsche kleiner, weicher, saftreicher und ohne Stiel pflückbar. Bei Regen platzen die Früchte auch nicht auf.
Zum Backen von Kuchen und Torten werden gerne Sauer-Kirschen verwendet. Die

Nicht nur die Vögel werden von den roten süß-säuerlichen Früchten angelockt.

Säure und Saftigkeit der Kirschen verleihen allen Süßspeisen einen harmonischen, fruchtigen Geschmack.

Sauerkirsch-Streuselkuchen

Mit 200 g Mehl, 150 g Butter, 150 g Zucker, 1/2 TL Backpulver und Zitronenabrieb einen Teig herstellen. Die Hälfte des Teiges in eine Springform geben und die gut abgetropften Sauer-Kirschen darauf legen. Den restlichen Teig über die Kirschen bröseln. Im vorgeheizten Backofen bei 200 °C ca. 30 Minuten backen. Lecker!

MELATONIN FÜR ERHOLSAMEN SCHLAF

In der Volksheilkunde gilt der vitaminreiche Kirschsaft als Mittel bei Erkältungskrankheiten mit Fieber. Nennenswert ist der hohe Gehalt an Folsäure. Dieses Vitamin spielt beim Zellwachstum und der Regeneration eine zentrale Rolle. Außerdem liefern Sauer-Kirschen natürliches Melatonin. Melatonin wird im menschlichen Körper in der Zirbeldrüse produziert und reguliert den Schlaf-Wachrhythmus. Somit können Sauer-Kirschen auch bei Schlafstörungen helfen. Sie senken den Harnsäurewert im Körper und dank der entzündungshemmenden Wirkung werden sie in der Gichttherapie eingesetzt.

Mahonie

Mahonia aquifolium · Berberitzengewächse · März–Juni · H 1–2 m

MERKMALE: Aufrechter, vielstämmiger, breitbuschiger, immergrüner Strauch ohne Dornen. Die Blätter sind bis zu 20 cm lang, unpaarig gefiedert und lederig. Blattoberseite ist dunkelgrün glänzend, die Blattunterseite heller. Der Blattrand ist zum Teil stark gewellt und beidseitig mit 10–20 Stachelzähnen besetzt. Die gelben, teilweise leicht rötlich unterlaufenen Blüten stehen in dichten, 5–10 cm langen Rispen. Die kugeligen, etwa erbsengroßen Früchte reifen ab August. Diese sind purpurschwarz bis bläulich und bereift.

VORKOMMEN: Parks und Gärten.

VERWECHSLUNG: Europäische Stechpalme (*Ilex aquifolium*), mit roten Früchten.

EINWANDERER AUS AMERIKA

Vom kanadischen Britisch-Kolumbien bis zum US-Bundesstaat Oregon reicht das bekannte ursprüngliche Verbreitungsgebiet der Gewöhnlichen Mahonie. Hier wurde die Gewöhnliche Mahonie sogar zur offiziellen Staatsblume (»Oregon grape«). Der Strauch wurde im 19. Jahrhundert in Europa eingeführt und wächst seit dieser Zeit in vielen Parks und Gärten. Das ganze Jahr über erfreut uns die Mahonie mit ihrem glänzenden Laub, ihren schönen Blütenständen sowie ihren blauen, beerenartigen Früchten.

Mahonien blühen schon zeitig im Frühjahr und sind somit für die ersten fliegenden Bienen und Hummeln eine wichtige Nahrungsquelle. Mahonien wurden auch zum Färben von Wolle, Seide und Baumwolle verwendet. Beeren färben blau-violett, die innere Rinde und die Wurzeln gelb.

RINDE UND WURZEL SEHR GIFTIG

Vor allem in der Wurzel und der oberirdischen Rinde sind verschiedene Alkaloide. Der Wert in den Beeren liegt allerdings nur bei 0,5 %. Nach dem Entfernen der Kerne und dem Abkochen können die Beeren für die Herstellung von Likören, Saft oder auch Gelee verwendet werden. Der Geschmack erinnert etwas an die Schwarze Johannisbeere. Roh sollten die Beeren nicht gegessen werden.

Die purpurschwarzen bis bläulichen Früchte sind bereift.

Mahonien-Sirup

Etwa 500 g gewaschene und vom Stiel getrennte Mahonien in einen Topf geben und mit Wasser vollständig bedecken. Je nach Geschmack etwas 300–500 g Zucker und 5 g Zitronensäure dazugeben. Das Ganze etwa 15 Minuten köcheln lassen. Den Saft in vorgewärmte Flaschen füllen und noch heiß verschließen.

BEHANDLUNG VON SCHUPPENFLECHTE

Wirkstoffe der Mahonie, besonders Berberin, werden vor allem in Salben zur Behandlung von schuppiger Kopfhaut und der Schuppenflechte verwendet. In der Homöopathie nutzen Therapeuten meist ein Extrakt aus Rinde und Wurzel bei Hautausschlägen, Schuppenflechte, Neurodermitis und Akne. Saft aus der Mahonie soll den Organismus und die Verdauung stärken. Bei den Ureinwohnern Nordamerikas gilt die Mahonie traditionell als Heilpflanze gegen Brechreiz, Durchfall, Skorpionstiche und Harnwegsinfekten.

Schwarzer Maulbeerbaum

Morus nigra · Maulbeergewächse · Mai–Juni · H 6–12 m

MERKMALE: Baum oder Strauch. Die Blätter sind herzförmig und zum Blattende spitz zulaufend. Der Blattrand ist unregelmäßig gekerbt. Die Blattspreite ist rau und behaart ebenso wie der Blattstiel. Dunkelgrüne und glänzende Blattoberseite, die Blattunterseite ist heller. Am Stamm befinden sich viele knollenförmige Verdickungen und Wassertriebe. Die Rinde ist dunkel orange und hat viele Risse. Ab Juni reifen die brombeerähnlichen, glänzend purpurschwarzen, saftigen und sehr süßen Früchte.
VORKOMMEN: Solitärbaum in Parks, Gärten und öffentlichen, prominenten Plätzen.
VERWECHSLUNG: Weiße Maulbeere (*Morus alba*), Rote Maulbeere *(Morus serrata)*. Die Früchte aller Arten sind essbar.

FUTTER DER SEIDENRAUPEN

Ursprünglich ist die Schwarze Maulbeere in Westasien beheimatet. In China wurden die Maulbeerbäume schon vor 4500 Jahren als Nahrungspflanze für die Seidenraupenzucht kultiviert. Seit wohl etwa 400 Jahren werden Maulbeerbäume in Europa und Deutschland angepflanzt. Maulbeeren können ein Alter von etwa 200 Jahren erreichen. In Europa ist der Schwarze Maulbeerbaum am beliebtesten und am meisten verbreitet, vorwiegend in warmen Weinbauregionen. Durch kräftiges Schütteln fallen zur Reifezeit im Juni bis August, die brombeerähnlichen Beeren zu Boden. Die Früchte der Weißen Maulbeere sind weiß, später gelblich, aber häufig auch rosa- bis purpurfarben und schmecken fader. Die Roten Maulbeeren sind dagegen sehr aromatisch und süß. Dieser Baum ist bei uns fast nur in Botanischen Gärten anzutreffen.
Die Früchte der Schwarzen Maulbeeren sind nicht allzu lange haltbar. Wenn diese nicht möglichst frisch z. B. in Quarkspeisen, Pudding, Marmelade, Gelee, Saft oder Mus verarbeitet werden können, eignen sich die Beeren ganz hervorragend zum Trocknen. So bekommen Sie auch die allermeisten Maulbeeren als Dörrobst zu kaufen, ganz selten als Frischware.
Die Früchte enthalten eine Menge an Mineralstoffen. Besonders zu erwähnen ist ihr hoher Anteil an Zink und Eisen. Mit 100 g der Maulbeere kann ein Erwachsener das 5–8-Fache vom Tagesbedarf an Zink und Eisen aufnehmen. Deshalb ist sie besonders für Menschen mit Eisenmangel interessant.

Die Früchte reifen nicht alle gleichzeitig, sodass man über längere Zeit ernten kann.

Powermüsli mit Haferflocken und Maulbeeren

Etwa 100 ml Milch, zusammen mit 4 EL Hafer- oder Dinkelflocken erwärmen und nach Bedarf mit Honig bzw. Ahornsirup süßen. Etwa 20 Minuten quellen lassen. Mit einer Handvoll Maulbeeren, einem geriebenen Apfel und einigen Nüssen verfeinern. Power für den Tag!

MAULBEEREN GUT FÜR DEN HALS

Säfte und Tees aus den Früchten der Schwarzen Maulbeere sind heilend bei Entzündungen der Mundschleimhaut und im Halsbereich. Sie sollen außerdem eine Blutzucker regulierende Wirkung zeigen. Beliebt sind die Beeren wegen ihres hohen Eisen-, Natrium- und Kaliumgehalts bei Veganern, Vegetariern und Sportlern.

Mirabelle

Prunus domestica subsp. *syriaca* · Rosengewächse · April–Juni · H 3–5 m

MERKMALE: Sparriger und dornenloser Strauch mit 1-jährigen behaarten Zweigen. Die Blätter sind blass grün, eiförmig elliptisch, stumpf gezahnt und eher klein. Auf der Unterseite von samtigen Härchen bedeckt. Blätter und die weißen Blüten entwickeln sich fast gleichzeitig. Die Steinfrüchte sind etwa 2–3 cm groß, intensiv gelb und haben auf der Sonnenseite häufig rote Bäckchen. Die Früchte schmecken bei Vollreife sehr süß und lassen sich leicht vom Kern lösen.
VORKOMMEN: Sonnige, windgeschützte, eher trockene Standorte auf nährstoffreichen und humosen Böden.
VERWECHSLUNG: Reneklode *(Prunus domestica* subsp. *Italic)*, meist kleine, grüngelb bis bläulich gefärbte Früchte, lassen sich nur schwer vom Kern lösen.

DIE GELBEN SCHWESTERN DER ZWETSCHGE

Es ist heute nicht sicher nachzuvollziehen, woher die Mirabelle letztendlich genau stammt und ob sie nicht eher als ein Zufallsprodukt bei Kreuzungsversuchen entstand. Man geht davon aus, dass sie von den Römern auf deren Kreuzzügen aus Kleinasien nach Italien gebracht wurde. Von hier ging dann die Reise weiter durch Europa. Das Hauptanbaugebiet ist heute die Region Lothringen, wo nahezu 80 % der gesamten Weltproduktion stattfindet. Weitere größere Anbaugebiete gibt es am Mittelrhein, in der Pfalz und in Mainfranken.

Mirabellen sind die kleinen gelben Schwestern der Zwetschgen und botanisch gesehen eine Unterart der Pflaume. Damit Mirabellen ihren unvergleichlich süßen Geschmack und ihr volles Aroma bekommen, benötigen sie viel Sonne. Bei optimaler Reife ist das feste Fruchtfleisch sehr süß, grüngelb bis orangegelb und es löst sich leicht vom eiförmigen Kern. Die Erntezeit ist von Juli bis September.

Bei viel Sonne werden die Früchte wunderbar süß und zeigen rote Bäckchen.

Am besten schmecken sie frisch vom Baum gepflückt. Mirabellen zu ernten macht richtig Spaß, weil der Korb innerhalb kürzester Zeit voll ist. Früchte, die nicht gleich verzehrt werden können, eignen sich wunderbar zum Dörren. Die gedörrten Mirabellen schmecken als Zwischenmahlzeit oder auch im Müsli. Auch für leckeren Kuchen, Marmelade oder Mirabellenlikör eignen sich Mirabellen ganz wunderbar. Die Inhaltsstoffe sind hauptsächlich Magnesium, Pektin, viele Vitamine und vor allem Kalium.

Blechkuchen mit Mirabellen

Einen Hefeteig nach gewohnter Art und Weise herstellen und mindestens 30–45 Minuten ruhen lassen. Den Hefeteig auf ein eingefettetes Backblech ausrollen. Die Mirabellen entsteinen und mit der aufgeschnittenen Seite nach oben auf dem Teig verteilen. Streuselteig herstellen und über die Mirabellen streuen. Im vorgeheizten Backofen bei 200 °C ca. 40 Minuten backen.

GUTE VERDAUUNG

Mirabellen enthalten sehr viel Vitamin C und andere verdauungswirksame Substanzen und sollen somit bei Verstopfungen aber auch bei Sodbrennen helfen. Sie wirken entwässernd und können somit auch bei Diäten unterstützend sein.

Kultur-Pflaume

Prunus domestica · Rosengewächse · April–Mai · H 4–6 m

MERKMALE: Sparrig wachsender Baum oder Strauch. Die Blätter sind länglich elliptisch, am Rand gekerbt bis gesägt. Junge, kahle Zweige. Graubraune und fast glatte Rinde. Die Früchte variieren sehr stark in der Form und Größe. Färbung von blauschwarz, über verschiedene Rottöne bis gelbgrün. Die Früchte sind kugelig bis länglich eiförmig, zwischen 1–8 cm lang, meist bereift, gefurcht und hängend. Das saftige Fruchtfleisch schmeckt süß bis herb.
VORKOMMEN: Obstplantagen, Hausgärten, Hecken.
VERWECHSLUNG: Zwetschge, Mirabelle (*Prunus* subsp. *syriaca*) und Reneklode (*Prunus* subsp. *italica*).

MIT DEN RÖMERN NACH EUROPA

Wieder haben wir es den Römern zu verdanken, dass eine neue Obstsorte wie die Pflaume, in unsere Regionen kam. Heute gehen wir davon aus, dass Pflaumen aus einer Kreuzung zwischen der Schlehe *(Prunus* spinosa) und der Kirschpflaume *(Prunus cerasifera)* entstanden sind.
Neben der Pflaume gibt es noch die Zwetschge und die Unterscheidung ist gar nicht so einfach. Es gibt sowohl ziemlich saure Pflaumen als auch zuckersüße Zwetschgen. Versuchen wir es trotzdem, einige markante Unterschiede zu finden:
Pflaumen *(Prunus domestica)* sind größer und haben eine gleichmäßig runde Form. Die Früchte sind kugel- bis eiförmig und verfügen über eine ausgeprägte Furche. Das Fruchtfleisch schmeckt süß, saftig und hat eine weiche, lockere Konsistenz. Vom Stein lässt es sich nur schwer lösen. Die Farbe variiert von blau, rot, lila bis schwarz.
Zwetschgen *(Prunus domestica* subsp. *domestica)* sind oft kleiner und länglich oval und zu den Enden spitz zulaufend. Das feste, gelbe Fruchtfleisch ist trockener und hat einen süßsauren Geschmack. Es lässt sich sehr leicht vom Kern lösen. Die Furche ist weitaus weniger ausgeprägt. Die Farbe ist dunkler und bläulich violett gefärbt.
Ob Pflaumen oder Zwetschgen – beide eignen sich hervorragend als Kuchenbelag, Marmelade, Kompott oder Mus. Was zu viel ist, kann wunderbar zu Dörrobst, entweder im Backofen oder Dörrgerät, verarbeitet werden.

'Cacaks Fruchtbare' heißt diese üppig tragende Zwetschge.

Zwetschgendatschi

Einen Hefeteig und Streusel nach Rezept herstellen. Zwetschgen waschen, abtropfen lassen und mit einem Obstentsteiner in Viertelspalten teilen.
Die Zwetschgen fächerförmig auf dem Teig verteilen und die Streusel gleichmäßig darüberstreuen. Im vorgeheizten Backofen bei 190 °C ca. 35–40 Minuten backen. Guten Appetit!

STÄRKUNG DES IMMUNSYSTEMS

Pflaumen haben viele wichtige Mineralstoffe und Spurenelemente wie Kupfer, Zink, Kalium und Vitamine. Sie stärken das Immunsystem und die Nerven, helfen Stress abzubauen und wirken darüber hinaus Verstimmungen und Depressionen entgegen. Am bekanntesten ist sicherlich ihre verdauungsfördernde Wirkung, die bei Trockenpflaumen noch mehr als bei frischen Früchten wirkt.

Quitte

Cydonia oblonga · Rosengewächse · Mai–Juni · H 4–8 m

MERKMALE: Dornenloser Baum oder Strauch. Wechselständig, gestielte, verkehrt eiförmige Blätter, Blattstiel ist behaart, Blattrand glatt. Die rosafarbenen Blüten mit 5 Blütenblättern, sitzen an 1-jährigen Zweigen. Rinde junger Zweige ist violett und behaart. Sie wird später bräunlich violett und glatt. Die gelben Früchte riechen angenehm süß und besitzen einen weichen Flaum auf der Schale. Es gibt eine grobe Unterscheidung zwischen Apfel-Quitten (*C.* var. *maliformis*) und Birnen-Quitten (*C.* var. *oblonga*).
VORKOMMEN: Gärten, Obstplantagen.
VERWECHSLUNG: Keine. Quitten haben markante flaumige Früchte.

APOTHEKE FÜR ARM UND REICH

Bereits in der Antike war die Quitte als heilkräftige und symbolträchtige Frucht bekannt. Hieronymus Bock (1539 n. Chr.) bezeichnete sie als eine »Apotheke für arm und reich«.
Im September verfärben sich ihre Früchte zu einem besonderen Quittengelb. Hierbei verströmen sie einen unnachahmlichen Duft. Quitten sind nicht nur ein vielseitig verwendbares Obst, sondern auch als Naturheil- und Kosmetikmittel vielfältig gefragt.

NICHT ROH ESSEN

Für den Rohverzehr sind Quitten nicht geeignet, da sie sehr hart sind. Vor der Weiterverarbeitung sollte man zunächst den weichen Flaum abreiben und die Früchte dann weich kochen. Aus den Quitten kann das bekannte und sehr leckere Quittengelee, Marmelade, Kompott, Mus oder Saft hergestellt werden. Sehr beliebt ist auch der Quittenlikör und Wein. Weniger bekannt ist bei uns das Quittenbrot, ein süßes Konfekt aus Quittenmus und Zucker. Die Blüten können zum Kandieren oder getrocknet als Tee verwendet werden.

Die rosafarbenen Blüten der Quitten sitzen an 1-jährigen Zweigen.

Quittengelee

1 kg Quitten waschen und vom Pelz befreien. Anschließend in Stücke schneiden und zusammen mit 1 Sternanis, 3 Nelken, 1 Stange Zimt in einen Topf geben. Die Früchte knapp mit Wasser überdecken und etwa 2 Stunden weich kochen. Über Nacht ziehen lassen und dann passieren. Nun den Saft mit Gelierzucker etwa 4 Minuten kochen lassen und mit der Gelierprobe die richtige Konsistenz prüfen. In heiß ausgespülte Gläser füllen. Sofort verschließen. Traumhaft lecker!

CREMES AUS QUITTENSAMEN

In der Heilkunde werden neben den ganzen Früchten, vor allem die Quittensamen und Quittenkerne verwendet. Die Kerne dürfen keinesfalls zerstoßen werden, da sie Blausäureglykoside enthalten. Die Samen wurden in der Volksheilkunde als Hustenreiz linderndes und mild abführendes Mittel verwendet. Cremes aus den Samen finden auch äußerlich bei Verbrennungen, Hämorrhoiden oder anderweitigen Entzündungen der Haut Anwendung. Als Mus oder Saft hilft die Frucht der Quitte gegen Verdauungsschwäche, bei Erkältungen und Entzündungen im Mund- und Rachenraum. Frisch geerntete Blätter kann man zur Entspannung auf die Augen legen.

Reneklode

Prunus domestica subsp. *italica* · Steinobstgewächse · April–Juni · H 5–10 m

MERKMALE: Sparriger, dornenloser Strauch oder Baum, der eine Unterart der Pflaume (*Prunus domestica*) ist. Dunkelgrüne elliptische Blätter, stumpf gezähnt. Blattoberseite kahl, Unterseite leicht samtig behaart. Die 5 Kronblätter sind bis zu 1 cm lang, fast rundlich und reinweiß. Sehr saftige, kugelige Früchte die, je nach Sorte, grün, gelb, rot oder blau gefärbt sind und eine weiße Bereifung haben. Das Fruchtfleisch löst sich meist schlecht vom ovalen, relativ dicken Stein, der einen Durchmesser von 3–5 cm hat. Die Zweige verkahlen im 1. oder 2. Jahr.

VORKOMMEN: Obstplantagen, Hausgärten.

VERWECHSLUNG: Mirabelle (*Prunus* subsp. *syriaca*) oder Pflaume (*Prunus domestica*), die allerdings andere Früchte haben.

FRUCHTIG, SÜSS UND SEHR GESUND

Der Kaukasus gilt als die Heimat der Renekloden und Mirabellen. Um 150 v. Chr. brachten die Römer dieses Obst nach Italien. Von hier aus hat sich die Reneklode in ganz Europa und Nordafrika verbreitet. Ihren Namen »Reineclaude« oder Renekloden hat dieser Baum der französischen Königin Claudia (frz.: Reine Claude) zu verdanken. Renekloden, Mirabellen, Zwetschgen und Pflaumen sind Unterarten von *Prunus domestica*. Sie lassen sich untereinander kreuzen, was manchmal eine korrekte Zuordnung eines Baumes nicht einfach macht. Renekloden sind meist kleiner als andere Pflaumenarten. Kennzeichnend sind die kugeligen, meist gelbgrünen Früchte und ihr süßes und saftiges Fruchtfleisch. Anders als die Renekloden, haben Mirabellen ein festes Fruchtfleisch, das sich gut vom Stein lösen lässt. Sie sind kleiner und gelb gefärbt. Die ausgewachsene Edel-Pflaume, wie die Reneklode auch genannt wird, misst 3–5 cm im Durchmesser. Am besten gedeihen Renekloden an warmen, windgeschützten und wenig spätfrostgefährdeten Standorten.

Reneklodenmarmelade

1 kg Renekloden entsteinen, halbieren und pürieren. Einige Blätter Zitronenmelisse abzupfen und in kleine Streifen schneiden. Alles zusammen mit 330 g Gelierzucker, dem Saft 1 Limette in einen Topf geben und unter Rühren zum Kochen bringen. 4 Minuten unter ständigem Rühren köcheln lassen. Die Gelierprobe durchführen und in vorbereitete Gläser füllen.

Renekloden kommen oft in warmen Regionen vor und schmecken süß und aromatisch.

AM BESTEN DIREKT VOM BAUM

Frisch vom Baum genascht sind die Früchte besonders schmackhaft und ein hervorragender Energielieferant. Der Genuss fördert die Verdauung und versorgt den Körper mit Vitamin C und wertvollen Mineralstoffen. Renekloden werden in der Küche wie herkömmliche Pflaumen verwendet. Sie eigen sich wunderbar zum Backen, Einfrieren, für Getränke- und Sirupzubereitung oder auch für Likör und Schnaps.

NACH DEM ESSEN

Die Reneklode enthält verdauungswirksame Substanzen und versorgt uns mit wertvollen Mineralstoffen und viel Vitamin C. Besonders interessant für alle, die auf ihre Eisenversorgung achten müssen: Renekloden enthalten mehr von diesem für die Blutbildung so wichtigen Element als alle anderen Pflaumenarten.

Giftige Bäume und Sträucher

Buchsbaum

Buxus sempervirens · Buchsbaumgewächse · März–Mai · H 0,5–4 m

MERKMALE: Langsam wachsender Strauch, Baum oder Schnittgehölz. Kurze, schräge, verzweigende und kantige Zweige. Die Rinde ist zunächst olivgrün und kurz behaart und verkahlt später. Gegenständig angeordnete, grüne, glänzende und ovale Blätter. Blattrand ist nach unten gebogen. Unscheinbare gelblich-grüne Blüten, die in den Blattachseln der lederartigen Blätter sitzen. Die etwa 8 mm langen, 3-klappigen Kapselfrüchte, spalten sich im September und streuen je 2 schwarze, glänzende Samen.

VORKOMMEN: Garten, Formschnittgehölz, Hecken, Solitärstrauch, Kübelpflanze.

VERWECHSLUNG: Liguster (*Ligustrum vulgare*), mit runden, schwarzen bis zu 1 cm große Beeren.

DER BUCHSBAUM IN DER GARTENKUNST

Sowohl in großen Landschaftsparks als auch in kleinen Privatgärten ist der Buchsbaum als gestalterisches Element sehr häufig anzutreffen. Bereits die Griechen und Römer rahmten ihre Beete mit niedrigen Buchsbaumhecken ein. Buchs wird in Töpfen und Kübeln gepflanzt und eignet sich als blickdichte Hecke. Vor allem in Parkanlagen kann man Buchs, oft in kunstvolle schöne Kugeln, Pyramiden oder Spiralen geschnitten, bewundern. In Deutschland ist Buchs das häufigste angepflanzte Ziergehölz und als Gärtner hat man die Wahl zwischen ca. 50 verschiedenen Züchtungen. In der Natur können Sie gelegentlich verwilderte Gartenflüchtlinge finden. Im Frühjahr produzieren die Blüten für Insekten reichlich Nektar und Pollen. Der sehr langsam wachsende Strauch oder Baum kann ein Alter von bis zu 500 Jahren erreichen.

In den letzten Jahren mussten viele Buchsbäume aus den Gärten entfernt werden. Schuld daran sind Schädlinge und Pilze. Besonders die Raupe des aus Asien eingeschleppten Buchsbaumzünslers *(Cydalima perspectalis)* und der Buchsbaumpilz *(Cylindrocladium buxicola)* vernichten ganze Buchsbaumkulturen. Triebe, Blätter und Stängel sterben langsam ab und schließlich die ganze Pflanze. Letztendlich bleibt dann nichts anderes übrig, als alle Pflanzen vollständig zu entfernen und auf keinen Fall auf den Kompost zu geben.

ALLES IST GIFTIG

Alle Teile der Buchsbäume sind sehr giftig. Besonders in der jungen Rinde, Blüten und den Blättern ist das Alkaloid Buxin am meisten vorhanden. Daneben gibt es noch viele andere Alkaloide, deren Mix die Pflanze für Mensch und Tier giftig machen. Vergiftungserscheinungen äußern sich durch Erbrechen, Durchfall oder auch Lähmungserscheinungen. Beim Arbeiten mit dem Buchs ist es außerdem ratsam, Handschuhe zu tragen.

Alle Pflanzenteile des Buchsbaums sind sehr giftig.

BUCHS BEI RHEUMA

In der Volksmedizin der Mittelmeerregion wurden früher die Blätter des Buchsbaums bei Rheuma und chronischen Hautleiden verwendet.

In der Homöopathie werden heute noch Buchsbaumpräparate zur Behandlung von Rheuma verwendet.

Angeblich sollen Wirkstoffe des Buchsbaums auch Malariafieber lindern – vergleichbar mit dem Chinin, von dessen heilender Wirkung aus dem 17. Jahrhundert berichtet wird.

Efeu

Hedera helix · Araliengewächse · August–Oktober · H 0–20 m

MERKMALE: Immergrüner Wurzelkletterer mit Haftwurzeln. Die Blätter sind wechselständig angeordnet, glänzend, lederartig und handförmig gelappt mit 3–5 dreieckigen, ganzrandigen Blattlappen. Glänzende und dunkelgrüne Blattoberseite. Die Blattunterseite ist heller. Die relativ kleinen, doldenartigen, gelblich-grünen Blüten erscheinen zwischen August und Oktober nur in warmen und geschützten Lagen. Die Beeren sind zunächst grün und werden dann bläulich oder grünlich schwarz. Reifezeit zwischen Januar und April.

VORKOMMEN: Wälder, Hauswände, Ruinen, Mauern, Waldboden.

VERWECHSLUNG: Keine.

DER EINZIGE WURZELKLETTERER

Wer kennt sie nicht, die grünen, mit Efeu umhüllten Häuser und Mauern. Nichts ist der Pflanze zu hoch, um es nicht zu erklimmen. Efeu ist der einzige Wurzelkletterer, den es bei uns gibt. Dass seine Haftwurzeln das Mauerwerk auch schädigen können, erkannte bereits Plinius der Ältere. In seinen Schriften berichtete er: *»Dass diese Pflanze Mauerwerk und Bäumen schadete und sich unter ihren Blättern Schlangen heimisch fühlten«.*

Efeu hat eine sehr lange Geschichte und stammt wohl aus den Tropenwäldern des Tertiärs. Die Ägypter ehrten den Efeu als ein Symbol der Ewigkeit und Treue. Die Griechen ehrten Feldherren, Gelehrte oder Olympiasieger mit einem Kranz aus Efeuzweigen. Frühe Christen legten ihre Toten in ein Bett aus Efeu, damit diese in den Himmel gelangen können. Wir wissen heute, dass Efeu bereits in dieser Zeit eine gärtnerische Verwendung hatte. Für Deutschland lässt sich das seit Mitte des 16. Jahrhunderts belegen. Mit den Anlagen von weiträumigen Landschaftsparks in der 2. Hälfte des 18. Jahrhunderts wurde der Efeu immer populärer.

Der Kletterer kann über 400 Jahren alt werden. Anders als bei anderen Pflanzen präsentiert der Efeu im Frühjahr seine Früchte und blüht im Herbst. Für unsere Vögel, wie z. B. Rotschwänzchen, Grasmücken, Amseln und Rotkehlchen, sind die reifen Beeren im Frühjahr eine willkommene Nahrungsquelle. Viele Insekten suchen die späte Efeublüte zur Nektarsuche auf.

POISON IVY – GIFTEFEU

Alle Teile des Gemeinen Efeus sind giftig und führen nach Verzehr zu erhöhtem Puls, Atembeschwerden, Krämpfen, Übelkeit, Erbrechen und Kopfschmerzen. Die verlockend schwarzen Beeren schmecken offensichtlich sehr bitter, sodass es eher unwahrscheinlich ist, dass auch Kinder größer Mengen essen würden. Beim Berühren von Efeu, z. B. beim Zurückschneiden, kann es durch das Allergen Falcarinol bei empfindlichen Personen zu Hautreizungen kommen.

Die nektarreichen Blüten locken viele Wespen und Bienen an.

LINDERT REIZHUSTEN

Efeu enthält Saponine, die eine auswurffördernde und schleimlösende Wirkung haben. Efeublätter werden aufgrund der vorhandenen Saponine als schleimlösendes und auswurfförderndes Mittel bei Erkrankung der Bronchien und Infektionen der Atemwege in entsprechenden Extraktpräparaten eingesetzt.

Efeublätter sind nicht für die Selbstmedikation geeignet.

Eibe

Taxus baccata · Eibengewächse · Februar–April · H 6–12 m

MERKMALE: Baum, Strauch, Hecke. Immergrüne und breit kegelförmige Krone, häufig vom Grunde an mehrstämmig. 2-häusiges Gehölz; die männlichen Blüten in sitzenden, kugeligen Kätzchen an den Zweigspitzen, weibliche Blüten sehr unscheinbar an den Zweigen. Sehr stark zugespitzte, 2–3 cm lange Nadeln. Sie sind oberseits dunkelgrün, etwas glänzend, unterseits mit undeutlichen blassgrünen Streifen, 2-reihig an Seitenzweigen, schraubig stehend an aufrechten Zweigen. Rinde braungrau, dünn und gefurcht.
VORKOMMEN: Wälder, Gärten, Parks.
VERWECHSLUNG: Fichte *(Picea abies)*, besonders junge Zweige, Nadeln der Fichte im Querschnitt rautenförmig, kantig, zugespitzt, steif und stechend. Douglasie *(Pseudotsuga menziesii)*, Weißtanne *(Abies alba)*, keine Beeren, dafür aber Zapfen.

VORSICHT GIFTIG!

Bereits seit Jahrtausenden wussten die Menschen um die Giftigkeit der Eibe. Dioscurides, ein griechischer Arzt der im 1. Jahrhundert lebte, schrieb, dass Menschen, die unter dem Baum schliefen oder von seinem Schatten getroffen würden, auf der Stelle sterben könnten. Von den Kelten weiß man, dass sie ihre Pfeile mit Eibensaft vergifteten. Eibennadeln wurden früher zu manchem Mord oder Selbstmord verwendet. Auf der anderen Seite schätze man das Eibenholz zum Schnitzen und Herstellen von Bögen. Im 16. Jahrhundert musste man zum Schutz der Eibe eine Schonzeit erlassen.

Bei der Gestaltung von Gärten, zusammen mit Formgehölz oder als grüne Wand gepflanzt, spielt die Eibe auch heute noch eine große Rolle.

Die Eibe ist ein 2-häusiges Gehölz, d. h., dass die Geschlechter komplett getrennt sind. Jede Pflanze hat entweder nur männliche oder weibliche Blüten. Eiben tragen keine Zapfen, sondern sie bilden leuchtend rote Früchte.

Alle Teile der Eibe, außer dem Samenmantel, sind sehr giftig. Das entkernte Fruchtfleisch soll süßlich, allerdings eher nach künstlichem Süßstoff, als nach Fruchtzucker schmecken. Aus Sicherheitsgründen, und weil sich der »Aufwand« auch nicht wirklich lohnt, scheidet die Eibe als Nahrungsmittel aber am besten komplett aus. Besonders hoch ist der Giftgehalt in den Nadeln, der im Herbst sogar noch zunimmt. Etwa eine Stunde nach dem Verzehr von schon wenigen Gramm treten die ersten Vergiftungserscheinungen durch Erbrechen und krampfhafte Bauchschmerzen auf. Hinzu kommen schwerer Durchfall, Schwindel und starke Veränderungen bei der Atmung und dem Puls. Nicht nur dem Menschen können die giftigen Substanzen gefährlich werden – insbesondere das Alkaloid Taxin –, sondern auch den Tieren. Bei Rindern und Pferden kommt es immer wieder zu Vergiftungen mit Todesfolge, wenn die Tiere Teile der Eibe fressen. Vögel dagegen fressen die gesamte Beere und scheiden den hochgiftigen Samen unverdaut über ihren Kot wieder aus.

Der rote Samenmantel ist essbar, der Kern aber hochgiftig.

DIE DOSIS MACHT DEN UNTERSCHIED

Heute werden noch homöopathische Zubereitungen bei Hauterkrankungen, Gicht und Rheuma genutzt. Wirkstoffe der Pazifischen Eibe *(Taxus brevifolia)* zeigten auch bei der Behandlung einiger Krebsarten heilsame Erfolge und werden heute synthetisch hergestellt.

Essigbaum

Rhus typhina · Sumachgewächse · Juni–Juli · H 2–6 m

MERKMALE: Mehrstämmig, sparriger kleiner Strauch oder Baum. Die wechselständig angeordneten Blätter sind bis zu 50 cm lang, ungleichmäßig gesägt, die Spitze ist jedoch ganzrandig. Blattstiele sind dicht und weich behaart. Sehr beeindruckende Herbstfärbung mit gelben, orangen oder karminroten Blättern. Aufrechte Blütenstände, männliche Blüten gelbgrün, weiblichen Blüten leuchtend rot. Große kolbenartige, aufrechte und rotbraune Fruchtstände. Diese sind von einer dichten Schicht langer, roter Haare umgeben.
VORKOMMEN: Parks, Gärten, Waldränder, bevorzugt sonnige Standorte, geringe Bodenansprüche.

VERWECHSLUNG: Hochgiftige Verwandte aus der Familie der Sumachgewächse.

BEKANNTES ZIERGEHÖLZ

Im Jahre 1620 soll der Essigbaum nach Frankreich gekommen sein. In Deutschland lässt er sich zum ersten Mal in der Zeit zwischen 1630 und 1651 nachweisen. Ab dem Ende des 18. Jahrhunderts begann die Kultivierung des Essigbaums in botanischen Gärten und Parks. Allerdings erst seit Mitte des 20. Jahrhunderts wurde dieser Baum auch in den Privatgärten als Ziergehölz immer beliebter.
Ursprünglich stammt der Essigbaum, der auch Hirschkolbensumach genannt wird, aus dem östlichen Nordamerika. Die dort ansässigen amerikanischen Ureinwohner nutzten den Baum für verschiedene heilende Zwecke. *'Indian Lemonade'* heißt ein Getränk, das aus den Früchten des Essigbaums und Wasser hergestellt wird. Die Wurzelrinde, aber vor allem die Fiederblättchen, weisen einen hohen Gerbstoffgehalt auf, der zum Gerben von Leder genutzt wurde. Um diese Gerbstoffe zu gewinnen, wurde der Essigbaum im 20. Jahrhundert teilweise in Plantagen angebaut. Heute ist der Essigbaum als Ziergehölz mit seinen tollen Herbstfarben in öffentlichen, privaten Gärten und Parks häufig anzutreffen. Beachten sollte man bei der Pflanzung allerdings, dass die flachen Wurzeln Wurzelsprosse bilden und der Essigbaum sich am Standort stark ausbreiten kann.

GIFTIG JA ODER NEIN?

Alle Pflanzenteile, vor allem Blätter und Früchte, enthalten Giftstoffe, die in erster Linie Hautreizungen und bei Berührung allergische Reaktionen hervorrufen können. Der Grad der Giftigkeit ist fraglich, da, wie oben beschrieben, die Urvölker Amerikas seit Jahrhunderten Limonade aus den Beeren hergestellt haben. Eine Vergiftung

Wegen seiner beeindruckenden Herbstfärbung ist der Essigbaum ein beliebtes Ziergehölz.

ist anscheinend nur nach Aufnahme größerer Mengen denkbar.
Richtig ist, dass es viele andere sehr giftige Sumachgewächse, wie z. B. den nordamerikanischen Gift-Sumach, gibt. Das Gewürz Sumach besteht aus den getrockneten, gemahlenen roten Beeren des Gewürz-Sumach (*Rhus coriaria*). Sie geben Speisen eine fruchtig-säuerliche Note. Besonders in der Küche im Iran und der Türkei ist es üblich, verschiedene Fleischgerichte z. B. Huhn oder Lamm, aber auch Salate oder Reistöpfe, mit Sumach zu würzen.

INDIANISCHES HEILWISSEN

Eine Verwendung in unserem Kulturkreis ist nicht bekannt. Die Ureinwohner Nordamerikas nutzen den Essigbaum zu Heilzwecken. Die Früchte fanden Anwendung bei Beschwerden der Lunge und die Wurzeln nutze man zur Blutstillung.

Faulbaum

Frangula alnus · Kreuzdorngewächse · Mai–September · H 2–4 m

MERKMALE: Baum oder Strauch. Unregelmäßig verzweigter Strauch, selten kleiner Baum. Die Blätter haben einen glatten Blattrand, sind wechselständig angeordnet, am Ende stumpf zulaufend, ca. 3–8 cm lang und bis zu 5 cm breit. Grünlich weißliche Blüten in den Blattachseln, kommen durch die lange Blütezeit z. T. gemeinsam mit den reifen, schwarzvioletten Früchten vor. Die graubraune Rinde ist markant längsrissig. Recht unscheinbare gelbe Herbstfärbung.
VORKOMMEN: Auenwälder, Moore, lichte Wälder und Weiden, feuchte, tiefgründige Böden.
VERWECHSLUNG: Kreuzdorn *(Rhamnus cathartica)*, mit gesägtem Blattrand.

SCHIESSPULVER AUS DEM FAULBAUM

Erste Hinweise auf die Nutzung des Faulbaums als Heilpflanze sind etwa ab dem 14. Jahrhundert zu finden. Bereits zu dieser Zeit war die Wirkung der Rinde als pflanzliches Abführmittel bekannt. Interessant ist die Bedeutung der Holzkohle des Faulbaums, um Schießpulver herzustellen. Entdeckt haben soll diese Eigenschaft der Franziskanermönch Berthold Schwarz. Per Zufall fand er offensichtlich die »durchschlagende« Wirkung eines Gemisches aus Salpeter, Schwefel und Faulbaum. Ob das alles so stimmt, lässt sich wohl nicht sicher sagen. Tatsache ist, Faulbaumrinde diente bis ins 19. Jahrhundert zur Herstellung von Munition, womit sich auch der weitere Name »Pulverholz« erklärt. Aus dem Holz vom Faulbaum wurden auch Gehstöcke und Fassspunde hergestellt und die Früchte und Rinde dienten als Färbemittel.

NAHRUNG FÜR INSEKTEN UND VÖGEL

Besonders für den Zitronenfalter sind die Blätter eine wichtige Raupennahrung und der Strauch ist zudem eine wichtige Bienenweide. Diese Nahrungsquelle steht den Insekten in den Sommermonaten über viele Wochen zur Verfügung, denn der Faulbaum bildet in dieser Zeit immer wieder neue Blüten. Von allen heimischen Gehölzen hat er die längste Blütenzeit und man kann am Strauch, neben der Blüte, auch Früchte in verschiedenen Reifestadien finden. Die Verbreitung des Faulbaums übernehmen besonders einige Drosselarten, aber auch direkt unter den Sträuchern kommt es zu einer starken Naturverjüngung.
Wer einmal an der aufgekratzten Rinde des Faulbaumes gerochen hat kann gut verstehen, warum er Faulbaum heißt, denn dieser Geruch bleibt für immer in Erinnerung. Alle Teile werden als giftig eingestuft. Vergiftungen wie Übelkeit, Erbrechen, Bauchschmerzen bis hin zu wässrigem und blutigem Durchfall können nach dem Verzehr der Früchte auftreten.

Zunächst sind die Früchte rot und werden zur Reifezeit dann schwarz-violett.

FAULBAUM – MILDES ABFÜHRMITTEL

Als Arznei kommt die getrocknete Rinde zur Anwendung. Wirksam sind die sogenannten Anthranoide. Nach der Trocknung von mindestens einem Jahr, gehen die Inhaltsstoffe in eine verträglichere Form über. Faulbaumrindentee dient auch heute noch in der Homöopathie als mildes Abführmittel zur kurzzeitigen Behandlung von Verstopfung. Es sollte beachtet werden, dass Faulbaumrinde mit Medikamenten wechselwirken kann.

Flieder

Syringa vulgaris · Ölbaumgewächse · April–Juni · H 3–6 m

MERKMALE: Strauch oder Baum. Die Blätter sind glattrandig, eiförmig bis breit oval und gegenständig angeordnet. Keine Verfärbung im Herbst. Sehr aromatisch und stark riechende Blüten, die in endständigen, etwa 10–20 cm langen und aufrechten Rispen stehen. Sehr farbvariabel von blau, violett, rötlich bis weiß. Die Rinde ist graubraun und meist längsrissig. Die jungen, kahlen Zweige sind olivgrün. Als Früchte werden 2-klappige, bräunliche und holzige Kapseln gebildet.
VORKOMMEN: Parks, Gärten, verwildert in der Natur, vollsonniger Standort, nährstoffreiche, kalkhaltige Böden.
VERWECHSLUNG: Keine.

DER FLIEDER BETÖRT MIT FRÜHLINGSDUFT

Das ursprüngliche Verbreitungsgebiet des Flieders reicht vom zentralen Albanien bis zum nördlichen Rumänien. Im Jahre 1565 brachte ein österreichischer Gesandter den Flieder aus der Türkei mit an den Wiener Hof. Von hier aus verbreitet sich dieser Blütenstrauch immer mehr in Mitteleuropa und blühte nicht nur in den Botanischen Gärten.

Der Flieder ist mit seinem betörenden Geruch eine typische Frühlingspflanze, die besonders gerne von Hummeln zur Nahrungsaufnahme aufgesucht wird.

Die Hauptblütezeit des Flieders ist im Mai, kann aber je nach Sorte und Standort, auch früher oder später sein. Die Blüte ist kerzenförmig und besteht aus vielen Einzelblüten. Für eine reiche Blüte ist ein sonniger Standort wichtig. Flieder gedeiht am besten auf nährstoffreichem und tiefgründigem Boden. Auf sauren, undurchlässigen und dauernassen Böden gedeiht er schlecht. Flieder gilt aber als pflegeleicht und anpassungsfähig. Mittlerweile gibt es ihn in unzähligen Sorten zu kaufen. Meistens finden wir den Flieder in Gärten, Parks, aber auch in der Natur gibt es gelegentlich verwilderte Exemplare.

GIFTIG ABER NUTZBAR?

Die Rinde, die Früchte und alle grünen Teile des Flieders sind giftig und enthalten das Gift Sambunigrin, welches Durchfall und Erbrechen auslöst.

Die Blüten des Flieders enthalten kaum Giftstoffe – diese zerfallen nachdem sie für 20 Minuten auf 80 °C erhitzt wurden. Üblicherweise wird Sirup sogar länger gekocht. Den Sirup können Sie aus den Blüten, Zitrone, Zucker, Zitronensäure und Wasser

Die Blätter sind giftig und verfärben sich nicht im Herbst.

herstellen. Das Ganze muss entsprechend lange kochen, bis sich der Zucker vollständig aufgelöst hat. Nachdem der Ansatz einige Tage ruhen konnte, kann dieser nun gefiltert und in heiß ausgespülte Flaschen gefüllt werden.

FINGER WEG!

In der Volksmedizin wurde die Pflanze bei Verdauungsschwäche, Fieber, Rheuma und Gicht verwendet. Weiter soll sie entzündungshemmende und schmerzstillende Wirkung zeigen. Aus den reifen Früchten stellte man einen Tee bei Schluckauf her. Genutzt wurden die Rinde junger Zweige, Blätter, Blüten und auch die Früchte. Entscheidend war, die richtige Dosis zu finden und die Bestandteile lange genug bei mindestens 80 °C zu verarbeiten.

Heute ist von einer Eigenmedikation dringend abzuraten.

Färber-Ginster

☠

Genista tinctoria · Schmetterlingsblütler · Juni–August · H 50–100 cm

MERKMALE: Kleinstrauch, locker aufrecht und buschig verzweigt wachsend. Kräftige Pfahlwurzel, Länge bis zu 1 m. Die ganzrandigen Laubblätter sind wechselständig angeordnet und wintergrün. Die goldgelben Blüten stehen in endständigen 2–6 cm langen Rispen. Eine Nachblüte im Herbst ist möglich. Die Zweige sind grün, tief gefurcht, stellenweise behaart und immer dornenlos. Ab September erscheinen die Früchte in Form von braunen Hülsen.
VORKOMMEN: Wiesen, Heiden, lichte Trocken-, Eichen- und Kiefernwälder, sonniger und halbschattiger Standort.
VERWECHSLUNG: Mit anderen Ginsterarten, die ebenfalls giftig sind.

EINE BEDEUTENDE FÄRBERPFLANZE

Der Färber-Ginster wurde bereits von den Römern zum Gelbfärben von Leinen und Wolle verwendet. Bereits vor der Blüte wurden die färbenden Pflanzenteile, Zweige, Blätter und Blüten gesammelt und getrocknet. Die Teile enthalten den gelben Farbstoff Luteolin und Genistein. Besonders in England war *Genista tinctoria* eine wichtige Färberpflanze. Das berühmte »Kendalgrün« wurde durch eine Überfärbung von Färberwaid hergestellt. Die Farben und Textilien sind lichtecht.
Die zum Färben von Stoffen in Trauben angeordneten Blüten des Färber-Ginsters erreichen eine Länge von etwa 15 mm. Die Blütezeit ist von Mai bis August. In den Herbstmonaten kommt es gelegentlich noch zu einer Nachblüte. Die Pflanze kommt heute in fast ganz Europa vor. Der Färber-Ginster kommt auch auf trockeneren Standorten gut zurecht, da seine Pfahlwurzeln bis zu 1 Meter in die Erde wachsen und somit in tiefer führende Wasserschichten reichen. Er gilt somit als Anzeiger von Grundfeuchte.

Die Reifezeit der kahlen Hülsenfrüchte ist von August bis September.

DIE GANZE PFLANZE IST STARK GIFTIG

Samen und Blätter dieser Pflanze enthalten das giftige Alkaloid Cytisin. Bei Trockenheit springen die braunen bis schwarzen Früchte des Färber-Ginsters auf und geben die giftigen Samen frei. Sollte Verdacht auf eine Vergiftung mit dem Färber-Ginster bestehen, z. B. durch Brennen im Mund und Rachen, sollte unverzüglich die Giftnotrufzentrale kontaktiert werden. Zum Glück kommen schwere Vergiftungen sehr selten vor, da es wohl meist direkt nach dem Verzehr dieser Pflanze sofort zum Erbrechen kommt. Weitere mögliche Vergiftungssymptome könnten Übelkeit, Schweißausbrüche, Kopfschmerzen, Kreislaufkollaps, Schwindel und Durchfall sein.

BLÜTEN BEI KOPFSCHMERZEN UND VERDAUUNGSSCHWÄCHE

Der Färber-Ginster wurde früher in der volkstümlichen Medizin als harntreibendes Mittel bei Harnwegsinfektionen, Blasen- und Nierensteinen sowie bei Rheuma und Gicht verwendet.
In der Naturheilkunde wird die Pflanze, die getrockneten Zweige, nur sehr bedingt eingesetzt. Homöopathisch wird Färber-Ginster bei Verdauungsschwäche, Kopfschmerzen und Hautausschlägen genutzt. Während der Schwangerschaft, oder in der Stillzeit, sollten auf keinen Fall Präparate aus Färber-Ginster eingenommen werden!

Goldregen

Laburnum anagyroides · Schmetterlingsblütengewächs · April–Juni · H 3–7 m

MERKMALE: Dornloser Strauch oder Baum. Die Blätter sind lang gestielt, schmal eiförmig bis schmal elliptisch, 3–8 cm lang und wechselständig angeordnet. Sehr markante, gelbe Blüten mit langen, hängenden, traubigen, goldgelb strahlenden Blütendolden. Diese können bis zu 30 cm lang sein. Von August–September sind die braunen Hülsenfrüchte zu sehen, die bei Trockenheit aufspringen, um ihre dunkelbraunen bis schwarzen Samen freizugeben.

VORKOMMEN: Parkanlagen, Gärten, verwildert in der Natur, lockere, kalkhaltige Böden.

VERWECHSLUNG: Alpen-Goldregen *(Laburnum alpinum)*, ebenfalls sehr giftig. Robinie *(Robinia pseudoacacia)*, essbare weiße Blüten.

GELBE BLÜTENPRACHT

Mit seinen tollen gelb leuchtenden Blüten, die zu 10–20 in lockeren, bogig überhängenden Trauben hängen, ist der Goldregen eine wahre Augenweide. Diese Blütentrauben erreichen eine Länge von 20–30 cm. Sein natürliches Verbreitungsgebiet liegt in Mittel- und Südeuropa. In der Natur treffen wir diesen Strauch sehr selten und dann meist nur in ausgesprochenen Wärmegebieten an. Goldregen wird gerne gepflanzt, weil er nur wenig Pflege, keinen Schnitt und keine Düngung benötigt und auch mit Trockenheit gut klarkommt. Beim Aufplatzen der Samenschoten fallen die Samen zur Erde, wo dann neue Pflänzchen heranwachsen. Der Gewöhnliche Goldregen kann ein Alter von bis zu 30 Jahren erreichen.

Die Samen des Goldregens sehen Bohnen sehr ähnlich und sind hochgiftig.

HOCHGIFTIGE FRÜCHTE

Immer wieder sehe ich Goldregen ganz in der Nähe von Spielplätzen oder öffentlichen Plätzen wachsen. Da die Hülsenfrüchte mit den offenliegenden Samen auch auf Augenhöhe von Kindern reifen, sollte unbedingt auf die Gefahr durch Vergiftung hingewiesen werden. Da die Samen Bohnen sehr ähnlich sehen, heißt er im Volksmund auch Bohnenbaum. Der Goldregen ist der häufigste Auslöser für pflanzliche Vergiftungen in Europa und führt zu entsprechend vielen Anrufen bei den Giftinformationszentralen.

Alle Pflanzenteile enthalten den gefährlichen Giftstoff Cytisin. Die höchste Konzentration lässt sich im Spätherbst in den reifen Samen nachweisen. Bereits 3 Schoten des Zierstrauchs (ca. 15 Samen) können dabei eine tödliche Dosis darstellen, aber auch schon das Kauen auf den Zweigen kann zu schweren Vergiftungen führen. Allerdings kommt es beim Verzehr von Goldregen zum Glück meist schnell zu heftigem Erbrechen. Vergiftungen mit Todesfolge sind daher eher selten.

Weitere Symptome für eine Vergiftung sind Erregung, Schweißausbrüche, Übelkeit und Magenschmerzen. Im Falle einer Vergiftung sollte in jedem Fall umgehend ein Arzt oder Krankenhaus aufgesucht werden. Goldregen ist nicht nur für den Menschen sehr giftig – auch Hunde, Katzen, Pferde und Kühe reagieren empfindlich auf das Gift.

NUR IN HOMÖOPATHISCHEN DOSEN

In der Homöopathie wird Goldregen nur noch vereinzelt bei Schwindel, Hirnhautentzündungen, Depressionszuständen und Magen-Darm-Erkrankungen verwendet. Bekannt ist außerdem die Anwendung als Brech- und Abführmittel.

Rote Heckenkirsche

☠

Lonicera xylosteum · Geißblattgewächse · Mai–Juni · H 1–2 m

MERKMALE: Aufrecht und breitbuschiger Strauch mit hohlen, graubraunen Zweigen. Rinde glatt und dünn, löst sich in Streifen ab. Blattaustrieb Anfang April. Die Blätter werden bis zu 6 cm groß. Sie sind gegenständig angeordnet, eiförmig und beiderseits auffällig grau behaart. Herbstfärbung fahlgelb. Die gelblich weißen Einzelblüten stehen zu zweit an einem gemeinsamen Stiel und erscheinen ab Mitte Mai–Juni. Zum Herbst bilden sich die auffallend roten und etwa erbsengroßen Früchte.

VORKOMMEN: Eichen- und Buchenwälder, Hecken und Gebüsch, schattig oder halbschattig sowie nährstoffreiche und kalkhaltige Böden.

VERWECHSLUNG: Alpen Heckenkirsche *(Lonicera alpigena)* und weitere kultivierte Heckenkirschen.

SEHR HARTES HOLZ

Die Rote Heckenkirsche trägt ihren Namen wegen ihrer roten und kirschähnlichen Früchte. Der Artname *xylosteum* verweist auf die Eigenschaften des harten Holzes der Roten Heckenkirsche. Den Gattungsnamen *Lonicera*, widmete Carl v. Linné dem Arzt Adam Lonitzer (1528–1586) für sein berühmtes Kräuterbuch.
Sie ist, bis auf die extrem nördlichen und südlichen Teile, in ganz Europa, im westlichen Asien und auch in fast ganz Deutschland zu finden. In früherer Zeit wurde die Pflanze teilweise als »weißes« Besenreis zum Besenbinden genutzt und wegen ihres sehr harten und extrem gut haltbaren Holzes, zu Pfeifenrohren, Peitschenstielen und Holznägeln verarbeitet.

Die paarweise stehenden Blüten sind zunächst weißlich und werden später hellgelb.

ROBUST UND PFLEGELEICHT

Bei uns finden wir diesen Strauch entlang von Waldrändern, Hecken und Gebüschen. Häufig wird die Heckenkirsche wegen ihrer Robustheit und dem sehr geringen Pflegeaufwand entlang von Straßen gepflanzt. Sie gilt als sehr salz-, hitze- sowie trockenheitsverträglich und eignet sich auch hervorragend als Zaunbepflanzung. Sie wird auch gern zur Hangbefestigung verwendet, da die Heckenkirsche als Flachwurzler ein sehr dichtes Wurzelgeflecht bildet. Die Bezeichnung »Heckenkirsche« deutet auch auf ihre Beliebtheit als blühende Heckenpflanze hin.
Im Herbst ist sie eine wichtige Nahrungsquelle für Beeren fressende Vogelarten wie Amseln oder einigen Drosseln. Auch Zugvögel profitieren von der Heckenkirsche. Interessanterweise gibt es keinerlei Wildverbiss bei der Roten Heckenkirsche. Ihre unverwechselbaren roten Früchte erscheinen nach der Blütezeit ab Juni eines jeden Jahres.

VERLOCKEND ROTE BEEREN

Die scharlachrot leuchtenden Beeren können Kinder schnell dazu verlocken, diese in den Mund zu stecken. Aufgrund des Bitterstoffs Xylostein sind die Beeren ungenießbar und giftig. Außerdem können Spuren von Alkaloiden enthalten sein. Der Verzehr dieser Beeren ist eine der häufigsten Gründe, warum Vergiftungszentralen konsultiert werden. Nach neueren Untersuchungen sind die Beeren aber nur schwach giftig. Symptome wie Magenschmerzen, Durchfall, Übelkeit, Erbrechen, Fieber und kalter Schweiß können aber schon nach dem Verzehr von etwa 5 Früchten auftreten. Beim Verzehr größeren Mengen drohen gar Herz-Kreislauf-Störungen, verbunden mit Fieber und Krampfanfällen. Da die Beeren jedoch bitter schmecken, ist die Gefahr größere Mengen zu essen, nicht sehr hoch.

Zwerg-Holunder, Attich

Sambucus ebulus · Holundergewächse · Mai–Juli · H 50–150 cm

MERKMALE: Ausdauernd, krautige Pflanze mit kriechendem Rhizom. Sehr gut am Geruch nach Bittermandeln zu erkennen, der vor allem beim Zerreiben der Blätter entsteht. Die Fiederblättchen sind länglich bis lanzettlich geformt und bis 15 cm lang. Der schirmartige Blütenstand hat weiße Blüten und einen purpurnen Staubbeutel. Die Beeren erscheinen ab August an aufrecht stehenden Dolden.
VORKOMMEN: Waldränder, Hecken, Gärten, Gebüschränder sowie an Straßenböschungen.
VERWECHSLUNG: Schwarzer Holunder *(Sambucus nigra)*, mit hängenden Beerendolden.

DER ZWERG-HOLUNDER IST EINE STAUDENPFLANZE

Bei den drei in Europa vorkommenden Holunderarten wachsen der Schwarze und der Rote Holunder als Bäume oder große Sträucher. Der Zwerg-Holunder, oder auch Attich genannt, ist dagegen eine ausdauernde, großwüchsige, kräftige und etwas sparrige Staudenpflanze. Durch sein unterirdisches Rhizom breitet er sich am Standort sehr schnell aus. Der Attich ist regionsweise weit verbreitet. An der Küste wird Attich oft als Windschutz auf den Dünen gepflanzt. Man findet diese Pflanze häufig an Straßen- und Waldrändern mit nährstoffreichem Boden. Im Gegensatz zum Schwarzen Holunder wächst der Attich senkrecht nach oben, während der Schwarze Holunder verholzte Zweige und Stämme hat. Außerdem wächst der Schwarze Holunder einzeln als Strauch oder kleiner Baum – der Zwerg-Holunder dagegen in größerer Gemeinschaft. Die Blätter des Attichs sind, verglichen mit denen des Schwarzen Holunders, viel länglicher. Auch der markante Geruch nach Bittermandel ist ein eindeutiges Merkmal für den giftigen Attich.

GIFTIG ODER NUTZBAR?

Die widersprüchlichen Aussagen zum Zwerg-Holunder hängen wohl sehr mit der Dosierung zusammen. In der Antike und im Mittelalter gewann man einen Farbstoff aus den schwarzen Beeren, die sich im Herbst bilden. Wahrscheinlich ist diese Attichfarbe bereits von den Pfahlbauern verwendet worden.
Die Pflanze ist in allen Teilen giftig und besonders die Samenkerne in den Blüten. Die Pflanze enthält ein hochgiftiges Glykosid, welches Blausäure freigibt. Auf keinen Fall sollten Sie die verlockenden Beeren verzehren. Dies führt schnell zu einer starken Übelkeit und Durchfall. Auch tödliche Vergiftungen sind bekannt. Verwechseln kann man die Beeren des Attichs am ehesten mit denen des Schwarzen Holunders. Allerdings hat der Zwerg-Holunder aufwärts gerichtete Fruchtstände, während die Beeren des Schwarzen Holunders nach unten hängen.

Die aufwärts gerichteten Fruchtstände sind ein Erkennungsmerkmal des giftigen Attichs.

HARNTREIBENDES MITTEL IN FRÜHERER ZEIT

Sambucus ebulus und *Sambucus nigra* fanden bereits in der Heilkunde des griechischen und römischen Altertums Verwendung. Der Zwerg-Holunder wurde wohl als harn- und schweißtreibendes Mittel genutzt. Heute wird die Pflanze wegen der heftig wirkenden Eigenschaften nur noch in homöopathischer Dosierung verwendet.

Jungfernrebe

Parthenocissus inserta · Weinrebengewächse · Juni–August · H 0–10 m

MERKMALE: Rankende Pflanze mit fehlenden oder nur schwach ausgebildeten Haftscheiben. Benötigt entsprechende Möglichkeiten um zu ranken. Im Frühjahr grüne Triebe und Blattknospen. Die Blätter sind meist 5-zählig gefiedert, grob und scharf gesägt. Sehr attraktive, leuchtend scharlachrote Herbstfärbung. Unscheinbare, grüngelbe Blüten. Blauschwarze, runde, meist bereifte Früchte an roten Stielen.
VORKOMMEN: Zierpflanze, Waldränder, Böschungen, vollsonniger bis halbschattiger Standort, keine besonderen Bodenansprüche.
VERWECHSLUNG: Selbstkletternde Jungfernrebe *(Parthenocissus quinquefolia)*, mit Haftscheiben. Dreilappige Jungfernrebe *(Parthenocissus tricuspidata)*, ebenfalls mit Haftscheiben.

ES FEHLEN DIE HAFTSCHEIBEN

Einige Arten der ca. 10–13 Jungfernreben, volksmündlich auch »Wilder Wein« genannt, stammen ursprünglich aus Nordamerika. Pflanzensammler brachten die ersten Pflanzen im 17. Jahrhundert nach Europa. In Parks und Gärten fanden sie schnell ihren Platz zur Begrünung von Mauern und Wänden. Die Selbstkletternde Jungfernrebe (*Parthenocissus quinquefolia*), besitzt Haftscheiben ähnlich dem Efeu, wodurch die Unterscheidung zur Gewöhnlichen Jungfernrebe *(Parthenocissus inserta)* leicht möglich ist, die keine Haftscheiben besitzt. Somit ist die Gefahr durch entstehende Bauschäden nicht gegeben. Wo Wilder Wein keine Klettermöglichkeit hat, breitet er sich mit seinen langen Ranken über den Boden aus und kann dabei große Flächen komplett überwuchern. Damit diese Pflanze Wände und Mauern erklimmen kann, ist sie also auf entsprechende Kletterhilfen angewiesen. Gepflanzt werden die sehr schnell wachsenden Pflanzen als Sichtschutz oder einfach aus optischen Gründen. Besonders an sonnigen und warmen Standorten wird seine unvergleichbare leuchtende Herbstfärbung erst richtig schön. Die Beeren reifen im September und Oktober und sind zusammen mit der Herbstfärbung sehr attraktiv.

WILDER WEIN – VORSICHT!

Gerade bei der Begrünung von Zäunen wachsen die Beeren in Augenhöhe von Kindern und verleiten dann schnell Beeren in den Mund zu stecken. Hier ist Vorsicht geboten! Der Wilde Wein *Parthenocissus inserta* gilt in allen Teilen als giftig. Besonders in den schwarzblauen Beeren ist die Oxalsäure in einer hohen, gesundheitsschädlichen Konzentration vorhanden. Anzeichen einer möglichen Vergiftung sind Magenbeschwerden, Übelkeit und Erbrechen. Beim Verzehr größerer Mengen kann es letztlich zu einem Organversagen kommen.

Die Dreilappige Jungfernrebe klettert mit Haftscheiben am Mauerwerk hoch.

In einigen Büchern findet man Anwendungsmöglichkeiten für Blätter und Beeren zum Verzehr, doch darauf möchte ich in diesem Buch verzichten. Die blauschwarzen Beeren sind im Herbst eine sehr beliebte Vogelnahrung. Manchmal sehr zum Leidwesen der Hausbesitzer, da der stark gefärbte dunkle Vogelkot unschöne Spuren hinterlässt.

WEINREBEN BEI VENENSCHWÄCHE

Die Gewöhnliche Jungfernrebe wird in der Heilkunde nicht verwendet, jedoch andere Weinrebenarten, wie z. B. *Vitis vinifera*, bei Venenschwäche.

Kirschlorbeer

Prunus laurocerasus · Rosengewächse · April–Juni · H 2–7 m

MERKMALE: Immergrüner Strauch oder Baum, der in die Breite wächst. Blätter 8–15 cm lang, derb lederig, glänzend grün, lanzettlich, ganzrandig bis schwach gesägt. Sie riechen beim Zerreiben nach Bittermandelöl. Die Blattränder sind meist etwas umgebogen. Oft große Frostschäden an den Blättern im Bereich ab -20 °C. Viele weiße, angenehm duftende aufrechte, bis 20 cm große Blütentrauben, mitunter auch noch eine weitere Blüte im September. Schwarze bis dunkelpurpurne, kugelige, bis 8 mm im Durchmesser, große, fleischige und kirschähnliche Steinfrüchte.
VORKOMMEN: Gärten, Parks, Hecken, öffentliche Plätze, verwildert in der Natur.

VERWECHSLUNG: Echter Lorbeer *(Laurus nobilis)* mit seinem aromatischen und würzigen Duft.

KIRSCHLORBEER GESCHICHTE

Bis in das 16. Jahrhundert waren angepflanzte Hecken in Mitteleuropa nur mit den einheimischen Sträuchern, wie z. B. Eiben oder Weißdorn, möglich. Dies änderte sich, als mit dem Kirschlorbeer die erste »exotische« Heckenpflanze, vermutlich aus den Balkanländern, nach Mitteleuropa kam. Seit dieser Zeit ist der Kirschlorbeer eine beliebte Heckenpflanze in unseren Gärten.

Gar nicht gerne gesehen wird der Kirschlorbeer in der Natur. Da er schnell wächst und eine stattliche Größe von bis zu 6 Metern erreichen kann, verdrängt er schnell die natürlich vorkommende Vegetation. Darum ist die Lorbeerkirsche, wie sie auch heißt, in vielen Gegenden auf der Schwarzen Liste der Neophyten aufgeführt und sollte außerhalb ihres natürlichen Verbreitungsgebiets nicht mehr angepflanzt werden.

Die Steinfrüchte sind schwarz bis purpurrot und der Kern ist sehr giftig.

GIFTPFLANZE 2013

Oft sehe ich Kirschlorbeer an öffentlichen Plätzen gepflanzt. Da die schwarzen Beeren fast in Augenhöhe von Kindern wachsen, sollten wir auf die Gefahren rechtzeitig hinweisen. Besonders in den Blättern und Samen des Kirschlorbeers sind beachtliche Mengen blausäurehaltiger Glykoside enthalten. Die reifen Beeren sollen süß und im Nachgeschmack bitter schmecken. Solange der Steinkern nicht zerbissen wird und den Verdauungstrakt als Ganzes wieder verlässt, sind die Vergiftungen nicht schwerwiegend. Anders sieht es aus, wenn Kerne zerbissen oder gar Blätter verzehrt werden.

Anzeichen für eine Vergiftung könnten sich durch Übelkeit und Erbrechen sowie ein rotes Gesicht, Kopfschmerz, Schwindelgefühl, Atemnot, Bewusstlosigkeit, einem Brennen im Mund und Reizungen mit Beschwerden in Magen und Darm bemerkbar machen. Bereits drei Beeren sollen, laut dem Zentrum für Kinderheilkunde des Universitätsklinikums Bonn, zu Vergiftungen führen.

In der Türkei kultivieren die Menschen sogar die Lorbeerkirsche und verzehren diese, vermutlich ohne Kern, als Trockenfrüchte. Das Fruchtfleisch wird nach dem Kochen zu Marmelade oder Gelee verarbeitet.

KIRSCHLORBEERWASSER UND ÖL

Früher wurde aus den Blättern durch Wasserdampfdestillation das Kirschlorbeerwasser gewonnen und als leicht schmerzstillendes Mittel gegen Hustenreiz verwendet. In der Homöopathie wird die Pflanze bei Herzschwäche, Atemnot und Reizhusten verwendet.

Kreuzdorn

☠

Rhamnus catharticus · Kreuzdorngewächse · Juni–Juli · H 2–5 m

MERKMALE: Unregelmäßig, sparrig geformter Baum oder Strauch mit Dornen. Die Blätter sind gegenständig angeordnet, eiförmig, glänzend, stumpfgrün und am Rand gesägt. Unscheinbare grünliche Blüten, aus denen die zuerst grünen, dann schwarzen Steinfrüchte reifen. Schwarze, etwa erbsengroße glänzende Steinfrucht, die süßlich bitter schmeckt. Die Rinde ist rot- bis schwarzbraun und rollt horizontal ab. Bei Verletzungen riechen Rinde und Blätter unangenehm.
VORKOMMEN: Kalkhaltige Lehmböden, an Waldrändern und Hecken.
VERWECHSLUNG: Zwerg-Kreuzdorn *(Rhamnus pumilus)* wird nur 20 cm hoch, Alpen-Kreuzdorn (Rhamnus *alpinus)* sehr selten im Alpenraum anzutreffen und Felsen-Kreuzdorn *(Rhamnus saxatilis)* bis max. 1,5 m Höhe, auf felsigem Untergrund.

EIN KREUZ AUS DORNEN

In der Gattung *Rhamnus* gibt es gut 100 Arten, deren Name vom griechischen Wort '*rhamnos*' für Dornenstrauch abstammt. Die meisten Arten gibt es in Ostasien. Der Großteil der etwa 10 in Europa vorkommenden Arten, sind Pflanzen des Mittelmeerraums.
Weitere bekannte Volksnamen sind Färberbeere, Amselbeere, Hirschdorn, Wegdorn und Amselkirsche. Eine andere Bezeichnung ist Purgier-Kreuzdorn. Da die Dornen mit den Ästen ein Kreuz bilden, erhielt der Strauch seinen Namen Kreuzdorn.
In der Natur wächst der Kreuzdorn gerne an stark kalkhaltigen und trockenen Standorten. Mit zunehmendem Alter entwickelt er sich zu einem baumartigen, dichten und stacheligen Strauch und kann bis zu 6 Meter hoch werden.

Die Beeren, die im Spätsommer reifen, haben vier Steinkerne und sind ungenießbar.

DIE DOSIS MACHT DAS GIFT

Die giftigen, schwarzen Beeren wurden früher als abführendes Mittel eingesetzt. Aus dem Mittelalter ist der Kreuzdorn als Färbemittel bekannt. Aus der Rinde erhält man einen gelben und aus den Beeren, je nach Reifegrad, einen grünen, gelben oder roten Farbstoff. Im Frühjahr sind die Blätter eine wichtige Nahrungsquelle für Schmetterlingsraupen und im Herbst suchen viele Vogelarten wie Amseln und Drosseln den Kreuzdorn zur Beerensuche auf.
Reife Früchte, botanisch gesehen sind das Steinfrüchte, schmecken bitter und sind ungenießbar. Unreife Früchte sind hingegen giftig. Nach dem Verzehr verursachen sie Übelkeit, Erbrechen, Durchfall und Nierenreizung als Vergiftungserscheinungen. Besonders Kinder sollten keinesfalls diese Beeren essen.

REIFE BEEREN ALS ABFÜHRMITTEL

In der Homöopathie wird Kreuzdorn bei Verdauungsschwäche eingesetzt. Schon von den Angelsachsen ist bekannt, dass sie den Kreuzdorn als 'Hartsthorn' oder 'Waythorn' kannten und arzneilich als Abführmittel nutzten. Die erste Beschreibung und Abbildung von *Rhamnus catharticus* stammt von Hieronymus Bock (1498–1554). Auch in den Kräuterbüchern der späteren Jahrhunderte gelten Kreuzdornbeeren als gut wirksam bei Verstopfung sowie bei Wassersucht und Gicht. Als mildes Abführmittel galt wohl eine Dosis von 10–20 Beeren bei Erwachsenen.
Der Kreuzdorn wurde außerdem gegen Rheumatismus, niedrigen Blutdruck und Wasseransammlungen angewandt. Hierzu nutzten die Menschen getrocknete, reife Beeren als Tee oder Mus.

Abendländischer Lebensbaum

Thuja occidentalis · Zypressengewächse · April–Mai · H 10–20 m

MERKMALE: Baum mit schlankem Wuchs und immergrünen Schuppenblättern mit Drüsenhöckern. Äste stehen waagrecht zum Stamm und laufen kegelförmig von unten nach oben. Charakteristisch ist die dachziegelartige Struktur der Zweige, die auf der Oberseite eine dunklere Farbtönung aufweist und auf der Unterseite eher mattgrün ist. Weibliche Blüten zeigen sich als gelbgrüne Sternchen, die männlichen als endständige Kätzchen. Die Rinde ist rötlich braun und längsrissig und die eiförmigen Zapfen stehen aufrecht. An einer Pflanze findet man rötliche, bis 1 cm große männliche Zapfen und hellbraune weibliche Zapfen.

VORKOMMEN: Gärten, Parks, Friedhöfe.
VERWECHSLUNG: Mit anderen Thuja Arten, die ebenfalls alle giftig sind.

immergrüner Zweig

Schuppenblätter mit Öldrüsen

LEBENSBAUM IN PARKS UND GÄRTEN

Die Heimat des Abendländischen Lebensbaums ist Nordamerika und erstreckt sich vom östlichen Kanada bis zum Bundesstaat New York.

1536 soll der Abendländische Lebensbaum nach Europa eingeführt worden sein. Seitdem erobert er Parks, Gärten und Friedhöfe. Der Baum kann bis zu 200 Jahre alt werden. Neben *Thuja occidentalis* kommen bei uns noch der Riesenlebensbaum *(Thuja plicata)* und der Morgenländische Lebensbaum (*Platycladus orientalis*) in Parks und Gärten vor. Heute ist dieser Baum in vielen Gärten als Solitärbaum oder als Sicht- und Schallschutz in dichten Hecken gepflanzt. Hinsichtlich des Bodens hat diese anspruchslose, robuste, frostunempfindliche und immergrüne Pflanze wenige Ansprüche. Der Lebensbaum begnügt sich mit einer sonnigen bis halbschattigen Lage. Wichtig ist allerdings, dass die Pflanzen, besonders in den ersten Jahren nach dem Anpflanzen, nicht austrocknen dürfen. Das Nadelgehölz wächst 20–40 cm im Jahr. Sie erreicht mit ihrem schlanken, aufrechten Wuchs schnell eine Höhe von 2–3 m.

GIFTIG FÜR MENSCH UND TIER

Zweigspitzen, Zapfen und das Holz aller drei Arten sind für Mensch und Tier giftig. Das ätherische Öl, welches im Holz der Zapfen sowie der Zweigspitzen enthalten ist, hat eine sehr starke Reizwirkung auf die Haut und Schleimhaut. Schon durch das Berühren der Zweigspitzen kann es auf den betroffenen Stellen zu Rötungen und Juckreiz kommen. Das ätherische Öl findet sich in unterschiedlichen Konzentrationen in allen Pflanzenteilen und im Frühjahr in höchster Konzentration. Nach dem Verzehr giftiger Pflanzenbestandteile kommt es zuerst zu Übelkeit, Erbrechen und Durchfall, der mit heftigen Schmerzen verbunden sein kann.

Neben den Zweigen und dem Holz sind auch die aufrecht stehenden Zapfen giftig.

DIE THUJA HILFT BEI MUSKELSCHMERZEN

Anwendung von *Thuja occidentalis* findet man heute hautsächlich in homöopathischen Zubereitungen. Hier wird es nach erfolgter Anamnese bei schweren Muskel- und Gelenkschmerzen, Gicht und Rheuma sowie bei Problemen im Harnsystem und dem Genitaltrakt verordnet. Thuja Globuli und Thuja Urtinktur wird bei einer Behandlung von Rheuma und Warzen verwendet. Hergestellt werden die homöopathischen Mittel aus Blättern und Zweigen, die zur Blütezeit gesammelt werden. Im Frühjahr ist der Gehalt an ätherischen Ölen am höchsten.

Liguster

Ligustrum vulgare · Ölbaumgewächse · Juni–Juli · H 2–5 m

MERKMALE: Reich verzweigter Strauch mit einem aufrechten Wuchs und biegsamen Zweigen und einer Wuchshöhe von bis zu 7 m. Die gegenständig angeordneten Blätter sind ledrig, nicht behaart, oberseits dunkelgrün glänzend und 3–6 cm lang. In der Mitte des Blattes befindet sich die breiteste Stelle. Kleine weiße und streng duftende Blüten stehen in 6–8 cm langen Rispen. Die Rinde junger Zweige ist olivgrün bräunlich, bei älteren ist diese graubraun gefärbt. Ab September reifen die etwa erbsengroßen, kugeligen und glänzend schwarze Beeren.

VORKOMMEN: Solitärstrauch, Hecken und beliebte Gartenpflanze.

VERWECHSLUNG: Buchsbaum *(Buxus sempervirens)*, mit 3-klappigen Kapselfrüchten.

LIGUSTER – DIE HECKENPFLANZE

Der Gewöhnliche Liguster ist die einzige in Europa heimische Ligusterart. Alle Ligusterarten gelten als sehr robust und trockenheitsverträglich. In der freien Natur kommt der Liguster meist an trocken-heißen Standorten vor und verträgt auch schon mal mehrwöchige Dürrephasen. Kein Wunder also, dass der Liguster eine wichtige Pflanze der Gärtner ist. Wegen seiner guten Schnittverträglichkeit eignet er sich hervorragend als Heckenpflanze und Sichtschutz. Bei einem regelmäßigen Schnitt verdichtet sich die Ligusterhecke immer mehr und wird von vielen Vogelarten als sicherer Unterschlupf und Brutplatz aufgesucht. Die jungen Zweige sind sehr biegsam und werden auch heute noch gerne zum Korbflechten verwendet.

Im Mai öffnen sich die weißblütigen, fliederähnlichen Rispen und locken allerlei Insekten an. Ob sie den gleichen süßlichen Geruch, der bei frisch abgeschnittenen Zweigen und zerriebenen Blätter entsteht, wahrnehmen? Liguster dient z.B. der Raupe des seltenen Ligusterschwärmers *(Sphinx ligustri)* als Futterpflanze.

Die kleinen, stark duftenden weißen Blüten stehen in aufrechten Blütenrispen.

DIE TINTENBEERE

Der Name Tintenbeere weist auf die färbenden Qualitäten des Ligusters hin. Die Beeren fanden Jahrhunderte lang Verwendung als Grundstoff für die Tintenherstellung. Auch zum Färben von Stoffen kamen sie zum Einsatz. Je nach Rezeptur konnte man braune, blaue oder grüne Farben herstellen. Die Rinde des Ligusters benutzte man zum Gelbfärben von Wolle.

Alle Pflanzenteile sind leicht giftig. In Blättern und Rinde befinden sich Bitterstoffe, Gerbstoffe und Harze. Der in den Beeren vorhandene Giftstoff führt zu entsprechenden Wirkungen wie Übelkeit, Erbrechen und Durchfällen, wenn größere Mengen verzehrt werden. Gelegentlich treten auch Kopfschmerzen, Krampfanfälle, schwere Magen-Darm-Reizungen und Kreislaufstörungen auf. In der älteren Literatur sind auch Todesfälle beschrieben. Hautkontakt beim Schneiden der Pflanze kann zu Hautreizungen führen – auch Liguster-Ekzem genannt.

ÖL GEGEN KOPFSCHMERZEN

In der Volksheilkunde verwendete man die im Frühjahr gesammelten Blüten und Blätter. Blüten in Essig eingelegt oder in Öl mazeriert und auf die Stirn aufgetragen, sollen gegen Kopfschmerzen helfen. Aus den Blättern und Zweigen dieser Heilpflanze stellte man ein Mundwasser, zur Behandlung chronischer Entzündungen in Mund und Hals, her.

Pfaffenhütchen

Euonymus europaeus · Spindelbaumgewächse · Mai–Juni · H 2–3 m

MERKMALE: Aufrechter, stark verzweigter, sparriger Strauch oder Baum. Blätter sind 3–8 cm lang, gesägt, gegenständigen, eiförmig bis lanzettlich. Sehr schöne leuchtend rote Herbstfärbung. Gelblich weiße Blütenstände in Trugdolden. Markante stumpfe, 4-kantige Zweige, die anfangs grün, später grau-braun sind. Die Früchte reifen im September–Oktober.
VORKOMMEN: Feuchte, kalkhaltige Lehmböden, lichte Laubwälder, Waldränder, Hecken, Parks, Gärten.
VERWECHSLUNG: Breitblättriges Pfaffenhütchen (*Euonymus latifolia*), Blütenstände bestehen aus Einzelblüten, 5 statt 4 Blütenblätter.

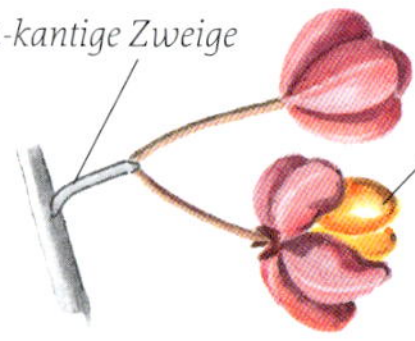

ALLE TEILE SIND GIFTIG

Bereits im antiken Griechenland war die Giftigkeit des Strauchs wohl bekannt. Der griechische Philosoph und Naturforscher Theophrastus meinte sogar, die Blüten würden »nach Mord riechen«.
Das Pfaffenhütchen ist während des ganzen Jahres ein attraktiver Strauch. Die Blüten im Frühjahr, die kantigen Äste, die wunderschönen Früchte und das tolle Herbstlaub machen ihn zu einem beliebten Baum in Parks und Gärten. Man sollte sich aber dennoch nicht verleiten lassen von diesem Strauch etwas zu essen, denn alle Pflanzenteile sind giftig. Kinder finden die Früchte manchmal sehr verführerisch. Nach dem Verzehr kann es zu Leber- und Nierenschäden, je nach Schweregrad, auch zum Tod kommen. Weitere Beschwerden sind Bauchschmerzen, Übelkeit, Erbrechen und Durchfall. Hierbei kommt es zu einer starken Reizung des Magen-Darm Traktes. Weitere Vergiftungserscheinungen sind Kreislaufkollaps, Benommenheit und Leberschwellungen. Welche Dosis letztendlich zum Tode führt, ist in der Literatur unterschiedlich angegeben. Wie auch bei einigen Pilzvergiftungen können Krankheitszeichen z. T. noch 18 Stunden nach dem Verzehr der giftigen Pflanzenteile auftreten. Deshalb Finger weg von diesen Früchten!

NUTZEN DES SPINDELSTRAUCHS

Ein anderer Name für das Pfaffenhütchen ist Spindelstrauch. Der Grund dafür ist, dass das Holz früher für Handspindeln, zur Herstellung von Garn, verwendet wurde. Genutzt wurde das Holz auch zum Drechseln und zur Herstellung von Zeichenkohle. Die nektarreichen Blüten dienen Insekten und Bienen als Nahrungsquelle.

Die Kapselfrüchte sind rosa-purpurn bis karminrot und springen 4-teilig auf.

Die auffälligen Früchte stehen bei vielen Vogelarten, wie z. B. Drosseln, Amseln und Rotkehlchen, hoch im Kurs, die über den Kot zur Weiterverbreitung der Samen beitragen.

UNGEZIEFERBEKÄMPFUNG IN FRÜHERER ZEIT

In der Schul- und Volksmedizin hat das Pfaffenhütchen heute keine Bedeutung mehr. Früher nutzte man Abkochungen der Früchte als harntreibendes Mittel. Zu Pulver verarbeitet, wurden die Früchte zur Bekämpfung von Parasiten, wie Bettwanzen, Läuse und Krätzmilben, eingesetzt. Hierbei durfte auch das Pulver nicht eingeatmet werden. Das fette Öl diente ebenfalls zur Ungezieferbekämpfung.
In der Homöopathie findet es Anwendung bei Blasenentzündungen, Kopfschmerzen und bei Galle- und Lebererkrankungen.

Rauschbeere

Vaccinium uliginosum · Heidegewächse · Mai–Juni · H 15–70 cm

MERKMALE: Kleiner Strauch. Die Blätter sind wechselständig angeordnet, kahl, blaugrün, mit deutlich hervortretenden Nerven auf der Unterseite und glanzlos. Die Blattspreite ist verkehrt eiförmig und ganzrandig. Kleine weißlich bis rosafarbene nickende Blüten bilden eine 1–3-blütige Zweigtraube. Die kugel- bis eiförmigen Beeren reifen im Spätsommer. Sie sind außen blau bereift, haben aber innen helles Fruchtfleisch und hellen Saft.
VORKOMMEN: Gebirgs-Fichtenwälder, Wald- und Hochmoore, feuchte, torfhaltige Böden.
VERWECHSLUNG: Heidelbeere *(Vaccinium myrtillus)*, dunkles Fruchtfleisch. Kleinblättrige Rauschbeere (*Vaccinium uliginosum* subsp. *pubescens*), Vorkommen in höheren Lagen.

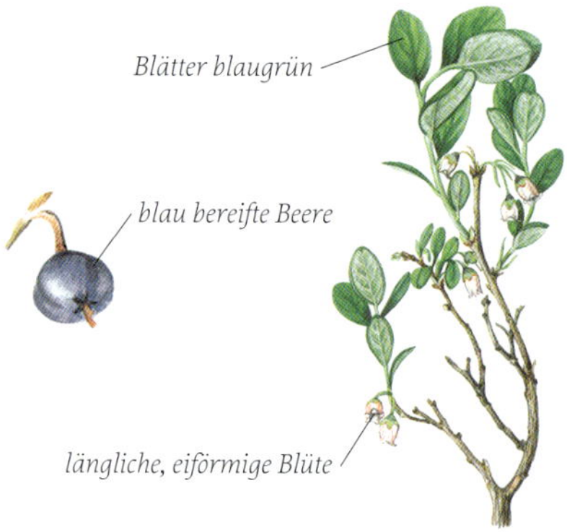

ZUHAUSE IM MOOR

Die zur Gattung der Heidelbeere gehörende Rauschbeere wird auch Kronsbeere, Rote Heidelbeere, Steinbeere, Sumpfheidelbeere, Trunkelbeere, Moorbeere oder Nebelbeere genannt. Sie ist ein langlebiger Zwergstrauch und kann ein Alter von 100 Jahren erreichen.
Rauschbeere heißt sie, weil die Früchte angeblich Rauschzustände auslösen können. Die Artbezeichnung *'uliginosum'* bedeutet 'sumpfliebend' und weist auf den optimalen Standort hin – frischer bis feuchter, durchlässiger, saurer Boden in Wald oder Hochmooren. Diese Gebiete sind in Deutschland fast alle unter Schutz gestellt und ein Sammeln der Beeren nahezu unmöglich. Weit häufiger kommt die Rauschbeere in Skandinavien und Osteuropa vor. Hier wird sie auch öfter verwendet.
In den Moorgebieten wachsen Heidelbeeren und Rauschbeeren oft direkt nebeneinander und bei flüchtigem Hinsehen kann man sie verwechseln. Die saftigen Rauschbeeren sind jedoch bereift, deutlich größer, etwas eiförmig und etwas intensiver blau gefärbt als die Heidelbeeren. Sie haben innen helles Fruchtfleisch und hellen Saft, im Gegensatz zur Heidelbeere, die blaues Fruchtfleisch hat und auch blauen Saft führt. Vom Geschmack sind die Rauschbeeren den Heidelbeeren unterlegen, doch in anderer Hinsicht und Wert gibt es keinen Unterschied. Die Beeren reifen von August bis September. Beide Pflanzen sind im Winter laub- oder blattlos. Die Farbe der Blätter der Rauschbeeren ist grünlich blau, die der Heidelbeeren leuchtend grün.

GIFTIG ODER ESSBAR?

Über die »Giftigkeit« gibt es widersprüchliche Berichte. Bisher wurde offensichtlich keine direkte Beobachtung einer Giftwirkung der Beeren von *Vaccinium uliginosum* gefunden. In Versuchen konnten auch größere Mengen der Beeren ohne Schaden frisch oder als Kompott gegessen werden. Für die bisher festgestellten »Vergiftungen«, wie rauschartige Erregung, Erbrechen, Pupillenerweiterung und Schwindelgefühl, könnte ein schmarotzender Schlauchpilz verantwortlich sein. Aus diesem Grund stuft man die Rauschbeere als giftverdächtig, beziehungsweise als leicht giftig ein.

Die Früchte sind, im Gegensatz zur Heidelbeere, eiförmig und haben helles Fruchtfleisch.

GUT GEGEN DURCHFALL

Rauschbeeren haben in der Heilkunde keine Bedeutung. Bekannt ist nur, dass Früchte und Blätter bei Durchfall und Blasenleiden genutzt wurden. In Nordeuropa und Teilen Sibiriens wird aus den Beeren schon seit Jahrhunderten Branntwein hergestellt.

Rosskastanie

Aesculus hippocastanum · Seifenbaumgewächse · April–Mai · H 10–25 m

MERKMALE: Sommergrüner Baum. Die Blätter sind gegenständig angeordnet, handförmig und in 5–7 Einzelblätter geteilt. Die Blattränder sind doppelt gesägt. Auffallender, bis zu 20 cm langer Blattstiel, der am Grund verdickt ist. Sehr schönes goldgelbes Herbstlaub. Aufrecht stehende, rispenartige, weiße, 20–30 cm große Blütenstände mit einem gelben Fleck. Hellgrüne Kapselfrüchte reifen im September–Oktober in dicker, stachliger Hülle, Kastanienfrüchte rund.

VORKOMMEN: Solitär- und Alleebaum in Parks und Gärten.

VERWECHSLUNG: Ess-Kastanie *(Castanea sativa)*, Früchte leicht zugespitzt. Rote Rosskastanie *(Aesculus esculus* x *carnea)*, mit roten Blüten.

WIE DIE ROSSKASTANIE ZU UNS KAM

Die ursprüngliche Heimat der Rosskastanie ist der Balkan. Vor knapp 500 Jahren kam die Rosskastanie dann durch die Türken, die sie auf ihren Feldzügen als Pferdefutter nutzten, nach Europa. Die großen Bäume finden wir heute in Alleen, Parks und vor allem auch an Plätzen, wo Schatten benötigt wird. Besonders in Städten ist die Kastanie wegen der robusten Widerstandsfähigkeit gegen schlechte Umweltbedingungen ein idealer Baum. Zudem reichen ihre Wurzeln nicht sehr tief ins Erdreich und schädigen somit keine Gebäude. Kindern macht es große Freude mit den Früchten der Kastanie verschiedene Figuren zu bauen. Sehr markant sind die bis zu 3 cm langen und 1,5 cm dicken, dunkelbraun-rötlich und sehr klebrigen Winterknospen. Obwohl die Früchte der Rosskastanie mit der Ess-Kastanie *(Castanea sativa)* Ähnlichkeit haben, ist sie mit dieser jedoch nicht verwandt.

EIN WERTVOLLER BAUM

Leider ist den letzten Jahren die wunderschöne Herbstfärbung selten geworden, weil die Blätter schon Ende Juli bis Anfang August braun werden. Schuld daran ist die Rosskastanien-Miniermotte, deren Larven sich ausschließlich von Stoffen, die nur in den Blättern der Rosskastanie vorhanden sind, ernähren. Der Baum kann ein Alter bis zu 300 Jahren erreichen.

Das Holz der Kastanie ist im Möbelbau, als Funier- und Schnitzholz, sehr geschätzt. Aus den Samen gewonnene Saponine dienen zur Herstellung von Kosmetika, Farben und Schäumen. Pulverisierte Rosskastanien sind ein ausgezeichnetes und umweltschonendes Waschmittel. In früheren Zeiten

Die kugeligen, stachligen Kapselfrüchte platzen im Herbst auf und geben die ungenießbaren Kastanien frei.

wurden verschiedene Pflanzenteile der Rosskastanie zum Färben von Wolle genutzt. Die Rosskastanie ist leicht giftig und für uns ungenießbar – die Frucht dient allerdings unserem heimischen Wild, z. B. Wildschweinen und Rotwild, als Nahrung.

LEICHTE FÜSSE

Rosskastanien wirken vor allem auf das Gefäßsystem. Daher eignet sich die Rosskastanie innerlich und äußerlich gegen Krampfadern, Hämorrhoiden, geschwollene Füße, Wadenkrämpfe, schwere Beine und auch gegen Arteriosklerose. Die Rinde wird auch bei Durchfall und hämorrhoidalen Beschwerden, wie Nässen und Juckreiz, eingesetzt.

Die Bachblüte 'Chestnut Bud' ist für Menschen, die nicht aus ihren Fehlern lernen.

Schneeball

Viburnum opulus · Moschuskrautgewächse · Mai–Juni · H 1,5–6 m

MERKMALE: Sommergrüner Strauch. Die gegenständig angeordneten Blätter sind 3–5-lappig, grob gezähnt, 8–12 cm lang und unterseits meist behaart. Herbstfärbung orangerot. Blattstiele mit napfförmigen Nektardrüsen. Weiße Blütenfarbe in flachen Doldenrispen, innen kleinere Fruchtblüten, außen größere sterile Randblüten. Die Rinde ist hellgrün bis ockerfarben, in jungen Jahren glatt, und flach gefurcht bei älteren Sträuchern. Rot glänzende, kugelförmige Früchte bis 1 cm groß, erscheinen im August–September

VORKOMMEN: Feuchte Gebüsche, Ufer von Bächen, Flüssen und Seen sowie an Waldrändern.

VERWECHSLUNG: Wolliger Schneeball *(Viburnum lantana)*, wächst auf trockenen, kalkhaltigen, warmen Böden in Wäldern und Gebüschen.

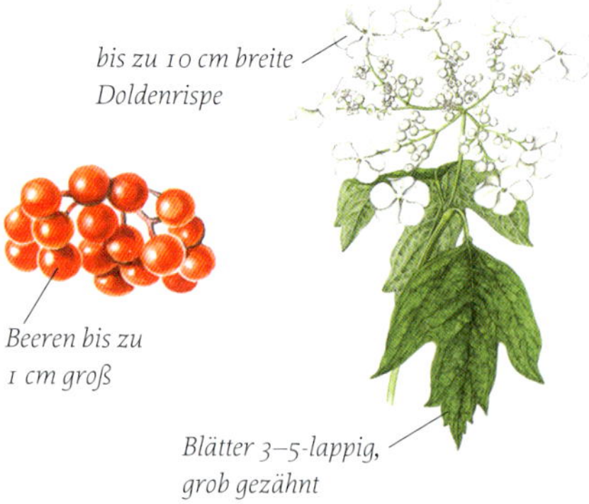

GEWÖHNLICHER ODER WOLLIGER SCHNEEBALL?

In der Natur gibt es zwei Arten des Schneeballs. Den Gewöhnlichen *(Viburnum opulus)* und den Wolligen Schneeball *(Viburnum lantana)*. Nach dem beide annähernd die gleichen Eigenschaften haben, werden sie hier nebeneinander behandelt.

In unseren Gärten wachsen mittlerweile viele Zuchtformen bzw. auch ausländische Arten. Unsere beiden heimischen Arten kann man sowohl an den Blättern als auch an den Früchten gut unterscheiden. Die Blätter des Gewöhnlichen Schneeballs *(Viburnum opulus)* sehen ahornähnlich aus und sind 3–5-fach gelappt. Die Blätter des Wolligen Schneeballs *(Viburnum lantana)* sind dagegen filzig behaart, ungeteilt und eiförmig.

Zunächst sind auch die Früchte beider Arten rot. Diese Farbe bleibt auch beim Gewöhnlichen Schneeball erhalten, im Gegensatz zum Wolligen Schneeball, bei dem die Beeren schwarz werden. Die Beeren reifen in den Monaten August bis November.

Beide Arten blühen weiß, haben aber unterschiedliche Blütenformen. Der Gewöhnliche Schneeball bildet flache Doldenrispen mit stark vergrößerten Randblüten. Die Doldenrispen beim Wolligen Schneeball sind dagegen kompakter und mehr nach oben gewölbt. Diese riechen unangenehm nach Harn oder Fisch.

GIFTIG – JA ODER NEIN?

Über die Giftigkeit der Beeren finden sich in der Literatur sehr widersprüchliche Angaben. In älteren Schriften werden die Beeren als giftig angesehen und sogar mit Todesfällen in Verbindung gebracht. In neueren Untersuchungen konnten allerdings keine giftigen Inhaltstoffe gefunden werden. Unreife Beeren und auch Blätter stellen jedoch, wenn sie verzehrt werden, besonders für Kinder eine Gefahr dar. Hier kann es zu Übelkeit, Durchfall oder Erbrechen kommen.

Beeren des Wolligen Schneeballs, die bei Vollreife schwarz werden.

MITTEL GEGEN DEN »DAMPF«

In der Homöopathie wird die Rinde von frischen Zweigen und jungen Stämmen, bei Menstruationsbeschwerden und bei einer zögerlichen einsetzenden Regelblutung genutzt. Die Pflanze soll beruhigend, krampflösend und harntreibend wirken. Früher dienten die Beeren des Gewöhnlichen Schneeballs wohl als Mittel gegen den sogenannten »Dampf« – gemeint waren hier Asthma und Atemnot. In Osteuropa werden die reifen Beeren nach dem ersten Frost gesammelt und bei Erkältungskrankheiten verwendet.

Zwergmispel

☠

Cotoneaster integerrimus · Rosengewächs · Mai–Juni · H 1–2 m

MERKMALE: Sparriger Strauch mit einer aufrecht bis überhängenden Krone. Die Blätter sind gegenständig angeordnet, breit eiförmig bis elliptisch, 2–5 cm lang und spitz zulaufend. Blattoberseite ist stumpfgrün, kahl oder spärlich behaart, die Blattunterseite ist dicht graufilzig behaart, mit hervortretenden Blattadern. Unscheinbare weißlich rosa Blüten in nickenden kahlen Trugdolden. Die Zweige sind braun oder graubraun, anfangs dicht graufilzig behaart, später kahl und glänzend. Von August–September erscheinen die runden, roten und beerenartige Früchte.

VORKOMMEN: Warme und eher trockene Standorte, häufig auf Kalkböden, Waldränder, lichte Wälder, Gebüsche und Hecken.

VERWECHSLUNG: Andere Mispelarten, die ebenfalls giftig sind.

BODENDECKER IN ANLAGEN UND GÄRTEN

Die Gattung *Cotoneaster* besticht mit ihrer großen Vielfalt, ob als immer-, winter- oder sommergrüner Strauch oder Zwergstrauch. Ebenso mit einer großen Farb- und Formenvielfalt. Zur Gattung der Zwergmispeln gehören mehr als 90 verschiedene Arten. Die Urformen der meisten Arten finden wir im Himalaja. Die übrigen sind in anderen Gebirgen Asiens, Europas und Nordafrikas beheimatet. Viele Arten, und vor allem Zuchtformen der Zwergmispel, sind als beliebte Zierpflanzen und Bodendecker in Anlagen und Gärten zu finden. Es sind fast ausschließlich Sträucher, die stark verzweigen, nicht verdornen und aufrecht oder niederliegend wachsen. Im Jahr 1793 beschrieb Friedrich Casimir Medicius diese Zwergmispel-Art als *Cotoneaster integerrima* erstmals wissenschaftlich. Für die Gewöhnliche Zwergmispel gab es eine Vielzahl anderer Namen in den verschiedenen Regionen des deutschsprachigen Raums, wie z. B Bergquitte, Quittenmispel oder Stockmehlbeere.

Zwergmispeln kennen die meisten aus Parks und Gärten, wo sie innerhalb weniger Jahre große Flächen, wie ein undurchdringlicher Teppich, zuwachsen. Sie sind pflegeleichte Bodendecker, die sich schnell ausbreiten und Unkraut wirkungsvoll unterdrücken. Sie eignen sich auch gut zur Befestigung von Böschungen und Hängen und leuchten im Herbst mit einem farbenkräftigen Laubkleid.

SCHWACH GIFTIG

Auf der Suche nach der Gewöhnlichen Zwergmispel in der Natur war ich doch überrascht, dass es diesen kleinen Strauch wesentlich häufiger gibt, als ich das ver-

Die für uns ungenießbaren Apfelfrüchte verbleiben oft den Winter über am Strauch und dienen als Vogelfutter.

mutet hatte. Sie wächst auf relativ trockenen und warmen Standorten in lichten Wäldern, am Waldrand und Gebüschen. Die Pflanzen blühen von Mai bis Juni weiß bis rosafarben. Die Zwergmispel ist eine der wenigen Pflanzen, die von Wespen bestäubt wird. Im Sommer beeindruckt die Gewöhnliche Zwergmispel mit einem reich besetzten Schmuckwerk aus roten Apfelfrüchten. Jede Frucht bildet meist zwei, selten drei oder vier Kerne. Vögel und Nagetiere verbreiten die verspeisten Samen über ihren Kot weiter. Die Früchte bleiben manchmal noch den ganzen Winter hindurch an den Sträuchern.

Die Beeren gelten als leicht giftig. Beim Verzehr größerer Mengen kann es zu Kratzen und Brennen im Hals, Speichelfluss, Übelkeit, Erbrechen und Durchfall kommen.

Jahresüberblick zum erfolgreichen Sammeln

Der Sammelkalender gibt einen ungefähren Überblick über den idealen Sammelzeitpunkt der entsprechenden essbaren Pflanzenteile. Da die Vegetation in den verschiedenen Regionen Mitteleuropas klimatisch sehr unterschiedlich ist, kommt es auch zu zeitlichen Unterschieden der Reifestadien. Je nachdem, ob sich der Sammelort im Norden oder im Süden, im Weinbauklima oder in höheren Lagen befindet, können, beispielsweise bei der Blütezeit der Robinie, Unterschiede von 2–4 Wochen auftreten. Späte Nachtfröste können das Austreiben der Blätter und das Aufblühen verzögern. Anders können sehr warme Tage im Frühjahr die Pflanzen zu ungewöhnlich frühem Blattaustrieb und Blüte veranlassen.

Zu bedenken ist auch, dass der normale Vegetationszyklus durch menschlichen Einfluss unterbrochen werden kann: wenn etwa Bäume oder Sträucher geschnitten werden. Das sorgt zum einen dafür, dass manche Pflanzen nicht zum erwarteten Zeitpunkt zur Blüte kommen, zum anderen bewirkt es einen Neuaustrieb und damit nochmals junge, zarte Blätter. Der Sammelkalender ist alphabetisch nach den gängigen deutschen (Gattungs-)Namen aufgebaut.

An den Farben können Sie im Kalender ablesen, welche Pflanzenteile zu welcher Jahreszeit am besten gesammelt werden können.

- (grün) Blätter, Triebe
- (orange) Blüten, Knospen
- (violett) Früchte, Samen

Art	Feb.	März	April	Mai	Juni	Juli	Aug.	Sept.	Okt.	Nov.
Spitz-Ahorn S.24										
Alpen-Johannisbeere S.64										
Aronia, Kahle Apfelbeere S.122										
Berg-Ulme S.110										
Douglasie S.38										
Eberesche, Vogelbeere S.40										
Echte Brombeere S.34										
Echte Feige S.128										
Echte Mispel S.88										
Echte Quitte S.144										
Echte Walnuss S.114										
Edel-Kastanie, Ess-Kastanie S.66										
Eingriffliger Weißdorn S.116										
Elsbeere S.44										
Europäische Lärche S.82										
Gewöhnliche Berberitze S.28										
Gewöhnliche Esche S.46										
Gewöhnliche Felsenbirne S.48										
Gewöhnliche Fichte S.50										
Gewöhnliche Hasel S.54										
Gewöhnliche Mahonie S.136										
Gewöhnliche Mehlbeere S.86										
Gewöhnliche Moosbeere S.90										
Gewöhnlicher Bocksdorn S.126										
Ginkgo S.130										
Hänge-Birke S.30										
Heidelbeere S.56										
Heide-Wacholder S.112										
Himbeere S.58										
Holz-Apfel S.26										
Hunds-Rose S.98										
Kirschpflaume S.74										

Art	Feb.	März	April	Mai	Juni	Juli	Aug.	Sept.	Okt.	Nov.
Kornelkirsche S.76										
Kratzbeere S.78										
Kultur-Apfel S.120										
Kultur-Birne S.124										
Mirabelle / Kultur-Pflaume S. 140/142										
Moor-Birke S.31										
Preiselbeere S.94										
Reneklode S.146										
Robinie S.96										
Rot-Buche S.36										
Rote Johannisbeere S.133										
Roter Hartriegel S.52										
Roter Holunder S.60										
Sanddorn S.100										
Sauer-Kirsche S.134										
Schlehe S.102										
Schwarze Johannisbeere S.132										
Schwarze Krähenbeere S.80										
Schwarzer Holunder S.62										
Schwarzer Maulbeerbaum S.138										
Sommer-Linde S.84										
Speierling S.104										
Stachelbeere S.106										
Steinweichsel S.108										
Stiel-Eiche S.42										
Trauben-Kirsche S.70										
Vogel-Kirsche S.72										
Wald-Kiefer, Föhre S.68										
Wild-Birne S.32										
Winter-Linde S.85										
Zitter-Pappel S.92										

Zum Weiterlesen

Christa Bastgen, Berko Schröder, Stefanie Zurlutter
Welche essbare Wildpflanze ist das?
Kosmos 2017

Rudi Beiser
Unsere essbaren Wildpflanzen.
Kosmos 2018

Stefan Guido Fleischhauer, Jürgen Guthmann, Roland Spiegelberger
Essbare Wildpflanzen.
AT 2015

Karin Greiner
Bäume – in Küche und Heilkunde.
AT 2017

Wolfgang Hensel
Welche Heilpflanze ist das?
Kosmos 2017

Joachim Mayer, Heinz-Werner Schwegler
Welcher Baum ist das?
Kosmos 2018

Carmen Mayr
Köstliche Wildpflanzen und Beeren.
Kosmos 2016

Ingrid und Peter Schönfelder
Der Kosmos-Heilpflanzenführer.
Kosmos 2015

Margot Spohn, Roland Spohn
Welcher Baum ist das?
Kosmos 2017

Margot Spohn, Marianne Golte-Bechtle, Roland Spohn
Was blüht denn da?
Kosmos 2015

Markus Strauß
Köstliches von Waldbäumen.
Hädecke 2017

Dr. Ursula Stumpf
Unsere Heilkräuter.
Kosmos 2016

INTERESSANTE INTERNET-SEITEN

https://www.pflanzen-vielfalt.net
http://www.pflanzenfreunde.com
https://www.baumkunde.de
https://www.botanikus.de
https://www.forum-naturheilkunde.de
http://www.klostermedizin.de
https://www.smarticular.net
http://www.heilkraeuter.de
https://www.mein-schoener-garten.de
http://baum-des-jahres.de
https://www.kostbarenatur.net
http://www.gizbonn.de
http://www.gifte.de

Giftnotruf-Zentralen

Berlin: Giftnotruf der Charité
Universitätsmedizin Berlin
Campus Benjamin Franklin
Hindenburgdamm 30
12203 Berlin
Tel.: 030 19240

Bonn: Informationszentrale gegen Vergiftungen, Zentrum für Kinderheilkunde, Universitätsklinikum Bonn
Adenauerallee 119
53113 Bonn
Tel.: 0228 19240 oder 0228 287-33211

Erfurt: Gemeinsames Giftinformationszentrum der Länder Mecklenburg-Vorpommern, Sachsen, Sachsen-Anhalt und Thüringen
c/o HELIOS Klinikum Erfurt
Nordhäuser Straße 74
99089 Erfurt
Tel.: 0361 730730

Freiburg: Vergiftungs-Informations-Zentrale Freiburg
Mathildenstr. 1
79106 Freiburg
Tel.: 0761 19240

Göttingen: Giftinformationszentrum-Nord der Länder Bremen, Hamburg, Niedersachsen und Schleswig-Holstein (GIZ-Nord)
Robert-Koch-Str. 40
37075 Göttingen
Tel.: 0551 19240

Homburg/Saar: Informations- und Behandlungszentrum für Vergiftungen
Klinik für Allgemeine Pädiatrie und Neonatologie
Universitätsklinikum des Saarlandes
Kirrberger Straße
Gebäude 9
D-66421 Homburg/Saar
Tel.: 06841 19240

Mainz: Giftinformationszentrum (GIZ) der Länder Rheinland-Pfalz und Hessen
Langenbeckstraße 1
Gebäude 601
55131 Mainz
Tel.: 06131 19240

München: Abteilung für Klinische Toxikologie und Giftnotruf München
Ismaninger Str. 22
81675 München
Tel.: 089 19240

Österreich, Wien: Vergiftungsinformationszentrale Wien
Stubenring 6
A-1010 Wien
Tel.: +431 4064343

Schweiz, Zürich: Tox Info Suisse
Freiestrasse 16
CH-8032 Zürich
Tel.: +41 442515151 (Notfall),
+41 442516666 (Auskunft)
145 (landesintern, Notfall)

Der Autor stellt sich vor

Liebe Leserin, lieber Leser,

meine Leidenschaft für die Natur begann im Alter von 18 Jahren. Damals kaufte ich mir meine erste Kamera und spezialisierte mich fortan auf Tier- und Pflanzenfotografie. So kam es, dass ich Ende der 90er Jahre die Möglichkeit hatte für die Bücher von Kräuterexpertin Eva Aschenbrenner zu fotografieren. Die Zusammenarbeit und die Treffen mit ihr haben meinem Leben eine neue Richtung gegeben. Mein Interesse an der Nutzung von Heilpflanzen, Wildkräutern, Pilzen, Beeren und Bäumen war geweckt. Es folgten Ausbildungen an der Paracelsus Schule in Würzburg und Erfurt, der Naturschule Freiburg und im Pilzzentrum Hornberg. Es fasziniert mich, wie reichlich uns die Natur die Teller füllen kann, wie vielfältig Wildpflanzen eingesetzt werden können und wie lecker Gemüse aus dem eigenen Garten schmeckt. 2018 erschien mein erstes Buch zum Thema Selbstversorgung »Es geht auch Einfach!« beim Kosmos Verlag. Seit 2011 betreibe ich eine Naturschule in der Rhön (www.naturschule-diez.de). Gemeinsam mit meiner Tochter Julia gebe ich das Wissen und die Begeisterung für diese Lebensweise in verschiedenen Seminaren weiter.

Für die Unterstützung bei der Entstehung dieses Buches möchte ich mich bei Walter Hartmann, Claus Schenk und Dr. Martin Feulner bedanken, die mir bei der Suche nach seltenen Bäumen eine Hilfe waren. Danke an meine Frau Karin für die Unterstützung bei den Fotoaufnahmen und an meine Tochter Lisa und Jürgen Pfeiffer für die Durchsicht der Texte. Danke für die tolle Zusammenarbeit an Claudia Salata, der Projektleiterin beim Kosmos-Verlag und Susanne Drosihn, der Lektorin dieses Buches.

Otmar Diez
Sulzthal 2019

Artenregister

Rezepte

Impressum

Mit 2 Fotos von Frank Hecker (S. 94, 138), 1 Foto von mauritius images (S. 131).
Foto Autorenportrait von Bernd Sachs.
Alle weiteren Fotos von Otmar Diez.

Mit 99 Illustrationen von Marianne Golte-Bechtle (S. 24, 28, 32, 34, 38, 40, 44, 46, 48, 52, 56, 58, 60, 62, 64, 70, 72, 74, 76, 78, 80, 84, 86, 88, 90, 92, 94, 96, 100, 102, 104, 106, 108, 110, 116, 120, 124, 126, 130, 132, 134, 138, 144, 150, 152, 156, 158, 160, 162, 164, 166, 168, 172, 174, 178, 180, 182, 184, 186, 188), 5 von Roland Spohn (S. 26, 136, 140, 146), 20 Illustrationen von Sigrid Haag (S. 30, 36, 42, 50, 54, 66, 68, 82, 92, 112, 114, 154), 5 Illustrationen von Gerhard Kohnle (S. 62, 128, 130, 132), 6 Illustrationen von Reinhild Hofmann (S. 122, 142, 176), 1 Illustration von Pascalis Dougalis (S. 170) sowie 71 Schemazeichnungen von Wolfgang Lang (vordere Klappe).

Umschlaggestaltung von BÜRO JORGE SCHMIDT, München, unter Verwendung zweier Fotos von mauritius images/Daniel Simon (Esskastanie) und shutterstock/Martin Fowler (Hintergrund und Blätter) sowie zweier Illustrationen von shutterstock/Hein Nouwens (vordere Umschlagseite, Esche) und Quagga Illustrations, Berlin, 2018 (hintere Umschlagseite, Esskastanie).

Für die in diesem Buch beschriebenen Rezepte und Methoden übernehmen Autor und Verlag keine Haftung. Weder Autor noch Verlag haften für Schäden, die aus der Anwendung der im Buch vorgestellten Hinweise und Ratschläge entstehen können.

MIX
Papier aus verantwortungsvollen Quellen
FSC® C023164
www.fsc.org

Gedruckt auf chlorfrei gebleichtem Papier

ISBN 978-440-15916-3
Projektleitung: Dr. Stefan Raps, Ann-Kathrin Scheuerle
Lektorat und Redaktion: Susanne Drosihn
Satz: Text & Bild | Michael Grätzbach
Produktion: Markus Schärtlein
Druck und Bindung: Longo AG, Bozen
Printed in Italy / Imprimé en Italie

Knospen essbarer Bäume

Spitz-Ahorn S. 24

Kultur-Apfel S. 120

Wild-Birne S. 32

Rot-Buche S. 36

Stiel-Eiche S. 42

Elsbeere S. 44